はじめに

　日本で現在、空前の仮想通貨ブームが起きています。芸能人も主婦もサラリーマンも、今や「ビットコイン」というワードは当たり前のように口にするようになりました。仮想通貨の取引所は口座開設希望者が殺到しており、開設待ちがでるほどです。そんな中、2018年1月、1BTC（1ビットコイン）の価格が200万円を超えて盛り上がりがピークに達したあと、ビットコインをはじめ多くの仮想通貨は暴落をしてしまいました。そして、その後追い打ちをかけるようにCoincheckのNEM流出事件が起こりました。これを受け「仮想通貨は終わった」という声も聞かれます。

　しかし、現時点では仮想通貨は「まだスタートラインにも立っていない」状態です。投資としては盛り上がりましたが、仮想通貨やブロックチェーンはまだまだ普及していません。SMTP、POPなどのしくみがわからなくても今では誰でも電子メールが送れるように、仮想通貨のしくみなどわからなくても、数年後、早ければ東京オリンピックまでには、その技術を誰でも利用できるのが当たり前になっているかもしれません。実用が伴えば、仮想通貨投資は今以上に成長の余地があります。今後爆発的な成長が期待される分野に早めにお金を預けておくことで、巨額の利益を享受するのが投資の世界です。そして、サラリーマンなどの労働所得では決して得られることのない額を稼ぐことも可能です。

　この本は、プロの為替ディーラーという視点から、「仮想通貨」を通じて「どこに収益チャンスがあるのか？」「投資においてやってはいけないことは？」といったことを、初心者でもわかりやすく学べるように解説した書籍です。また、短期投資・長期投資のどちらにも対応し、具体的な売買手法やプロが使うテクニカル分析手法までを、余すことなく記載しています。

　多くの人は、何も知らずに投資を始め、失敗します。投資には、「投資のコツ」というものがあります。この本を読んだ皆さんが、仮想通貨投資という無限の収益チャンスを秘めたマーケットで利益を上げ、人生がよりよいものとなることを祈っております。

2018年1月

国府 勇太

本書の読み方

本書は、仮想通貨投資の基本的な情報から、実践的なノウハウまでを1冊にまとめました。これから仮想通貨投資を始めてみたいという方に向けて、わかりやすく手順を紹介しています。

Section のタイトル
各 Section のテーマを表すタイトルです

Section の要点
その Section の要点を簡潔にまとめています

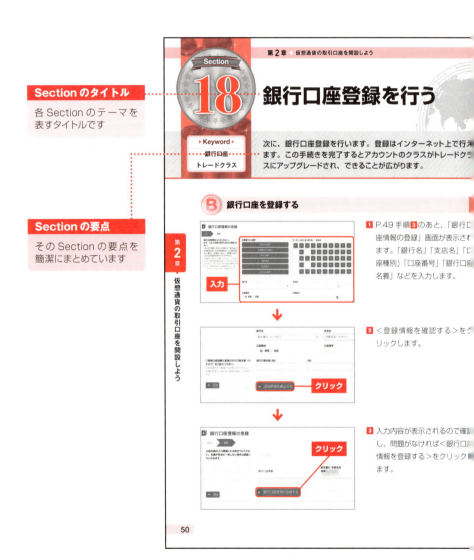

4 銀行の登録が完了しました。<ホームに戻る>をクリックします。

5 取引時確認の入力はこれですべて完了しました。✕をクリックします。

解説
内容や手順を、図を用いて丁寧に説明してあります

第2章 仮想通貨の取引口座を開設しよう

6 ログイン後の画面がウォレットクラスから、すべてのサービスが利用できるトレードクラスに変更されています。

章タイトル
そのページの章タイトルが書かれています

column 銀行口座の承認が必要

銀行口座を登録したあとに、bitFlyerから「銀行口座が承認されました」という件名のメールが来れば、無事銀行口座の登録が完了です。通常メールは1時間以内には届くので、もし届かないようであれば、入力内容に誤りがある場合があります。その後の不備を知らせるメールを待つか、それでも解決しない場合はログイン後の画面の<FAQ／お問合わせ>から問合せを行いましょう。

column
補足や便利な情報などを、columnとして紹介しています

Contents
目次

第1章　仮想通貨取引について知ろう

Section 01	仮想通貨ってなに？	10
Section 02	仮想通貨にはどんな種類がある？	12
Section 03	ビットコインのしくみとは？	14
Section 04	仮想通貨と法定通貨・電子マネーの違いは？	16
Section 05	仮想通貨は怪しくないの？	18
Section 06	仮想通貨取引の流れは？	20
Section 07	仮想通貨取引のメリット・デメリットは？	22
Section 08	仮想通貨の値はなぜ動く？	24
Section 09	仮想通貨の取引はいくらからできる？	26
Section 10	仮想通貨の取引に必要なものは？	28
Section 11	仮想通貨取引にはどんな方法がある？	30
Section 12	税金について把握しておく	34

第2章　仮想通貨の取引口座を開設しよう

Section 13	仮想通貨取引所を選ぶ	38
Section 14	販売所と取引所の違いを知る	40
Section 15	各取引所の特徴を知る	42
Section 16	bitFlyerのアカウントを作成する	44
Section 17	本人情報登録を行う	46
Section 18	銀行口座登録を行う	50
Section 19	二段階認証を設定する	52

第3章 bitFlyerで仮想通貨を売買取引しよう

- Section 20　取引前に手数料を確認する……58
- Section 21　アカウントに日本円を通常入金する……60
- Section 22　アカウントに日本円をクイック入金する……62
- Section 23　販売所でビットコイン・アルトコインを購入する……66
- Section 24　販売所でビットコイン・アルトコインを売却する……70
- Section 25　取引所でビットコインを購入する……72
- Section 26　取引所でビットコインを売却する……74
- Section 27　スマートフォンで売買取引する……76
- Section 28　クレジットカードでビットコイン・イーサ（イーサリアム）を購入する……80
- Section 29　アカウントから日本円を出金する……82
- Section 30　購入後のセキュリティに注意する……84
- Section 31　ウォレットに仮想通貨を保管する……86

第4章 ビットコインをお金として使ってみよう

- Section 32　ビットコイン支払いのメリット・デメリットを知る……92
- Section 33　ビットコインで買い物できる店を知る……94
- Section 34　ビットコインと日本円、どちらの支払いが得か？……96
- Section 35　実店舗でビットコイン支払いをする……98
- Section 36　オンラインショップでビットコイン支払いをする……100
- Section 37　ビットコインを送金する……102

Contents

第5章　仮想通貨に投資をしよう

- Section 38　値上がり益を狙い売買する ... 106
- Section 39　長期取引で儲けを出す ... 108
- Section 40　短期取引で儲けを出す ... 110
- Section 41　証拠金取引でリターンを大きくする ... 112
- Section 42　取引所の価格差で儲けを出す ... 114
- Section 43　仮想通貨を分散投資してポートフォリオを作成する ... 116
- Section 44　マイ売買ルールを決めておく ... 118
- Section 45　板情報の見方を知る ... 120
- Section 46　買い時・売り時のタイミングを知る ... 122
- Section 47　数回に分けて売買する ... 126

第6章　ワンランク上の売買取引を行おう

- Section 48　bitFlyer Lightningを利用する ... 130
- Section 49　成行注文を行う ... 132
- Section 50　指値注文を行う ... 134
- Section 51　特殊注文を行う ... 136
- Section 52　チャートの見方を知る ... 140
- Section 53　チャートスタイルの特徴を知る ... 142
- Section 54　移動平均線／平滑移動平均線の見方を知る ... 144
- Section 55　ボリンジャーバンドの見方を知る ... 146
- Section 56　一目均衡表の見方を知る ... 148
- Section 57　指標の見方を知る ... 152
- COLUMN　暴落してしまったときはどうする？ ... 156

付録1　そこが知りたい！　仮想通貨取引Q&A

- Question　取引所のパスワードを忘れてしまいました。どうすればよいでしょうか？ ····· 158
- Question　入金・出金はどれくらい時間がかかるのでしょうか？ ····· 158
- Question　アドレスを間違えて送金してしまいました。送金キャンセルはできますか？ ····· 159
- Question　無料でビットコインをもらう方法はありますか？ ····· 159
- Question　取引所に万が一のことがあった場合、補償されますか？ ····· 160
- Question　bitFlyerの「bitwire（β）」ってなんですか？ ····· 160
- Question　取引所のチャットで交わされている会話は信用しても大丈夫でしょうか？ ····· 161
- Question　各取引所の価格差を一覧で見られるサイトはありますか？ ····· 161
- Question　仮想通貨に相続税はかかるのでしょうか？ ····· 162
- Question　システムトレードをすることはできますか？ ····· 162
- Question　分裂したコインは必ずもらえるのでしょうか？ ····· 163
- Question　アカウントを解約することはできますか？ ····· 163
- Question　最近よく耳にするICOとはなんのことですか？ ····· 164

付録2　仮想通貨関連資料集

- 仮想通貨取引所ガイド ····· 166
- 仮想通貨お役立ち＆情報収集ガイド ····· 168
- 仮想通貨投資用語集 ····· 170

索引 ····· 174

■『ご注意』ご購入・ご利用の前に必ずお読みください

本書に記載された内容は、情報の提供のみを目的としています。したがって、本書を参考にした運用は、必ずご自身の責任と判断において行ってください。本書の情報に基づいた運用の結果、想定した通りの成果が得られなかったり、損害が発生しても弊社および著者はいかなる責任も負いません。

本書に記載されている情報は、特に断りがない限り、2018年1月時点での情報に基づいています。ご利用時には変更されている場合がありますので、ご注意ください。

本書は、著作権法上の保護を受けています。本書の一部あるいは全部について、いかなる方法においても無断で複写、複製することは禁じられています。

本文中に記載されている会社名、製品名などは、すべて関係各社の商標または登録商標、商品名です。なお、本文中には ™ マーク、®マークは記載しておりません。

第1章

仮想通貨取引について知ろう

- Section 01　仮想通貨ってなに?
- Section 02　仮想通貨にはどんな種類がある?
- Section 03　ビットコインのしくみとは?
- Section 04　仮想通貨と法定通貨・電子マネーの違いは?
- Section 05　仮想通貨は怪しくないの?
- Section 06　仮想通貨取引の流れは?
- Section 07　仮想通貨取引のメリット・デメリットは?
- Section 08　仮想通貨の値はなぜ動く?
- Section 09　仮想通貨の取引はいくらからできる?
- Section 10　仮想通貨の取引に必要なものは?
- Section 11　仮想通貨取引にはどんな方法がある?
- Section 12　税金について把握しておく

第1章 ● 仮想通貨取引について知ろう

Section 01

仮想通貨ってなに？

▶ Keyword ◀
仮想通貨
ビットコイン

仮想通貨の登場は、インターネット以来の衝撃といわれています。インターネットの存在が世の中のあり方を一変させたように、仮想通貨も近い将来、世の中を一変させるかもしれません。

 仮想通貨はインターネットを通じて使える新しいお金

仮想通貨は、インターネットを通じて利用できる、これまでにない新しいお金です。国内外の専門取引所で円やドル、ユーロなど各国の法定通貨と交換することができ、一部のお店では商品やサービスの支払いに利用できます。また、特定の政府や中央銀行が発行・管理をしていないので、理論上、有事や金融危機などに価値が暴落しにくいといわれています。2009年に仮想通貨の雄「ビットコイン」が誕生し、その後急速に普及し、今ではビットコイン以外にも1,000種類以上の仮想通貨が存在します。

仮想通貨は、これまでできないとされていた「財産の移転」を、金融機関など第三者を介することなく行うことができます。そのため、海外への送金や支払い時の決済手数料などを低くおさえることができます。これらのことから、仮想通貨の登場は、「インターネット以来の革命」といわれています。

■ 仮想通貨とは…

- インターネットを通じて使えるお金
- 政府や中央銀行が発行・管理していない
- 専門取引所で法定通貨と交換できる
- インターネット以来の革命ともいわれている

column　仮想通貨？　暗号通貨？

日本国内では「仮想通貨」という呼称が定着していますが、海外では一般的に「暗号通貨（Cryptocurrency）」と呼ばれています。「仮想」というと「実在しない＝怪しい、危険」というネガティブイメージがあるので、国内の初期ユーザーを中心に「暗号通貨」と呼ぶべきだという意見もあります。

仮想通貨送金の3つの特徴

　通常、送金をしたい場合は銀行などを介して行いますが、仮想通貨であれば、第三者を介在することなく相手に**ダイレクト**に送金することができます。また、銀行送金であれば送金されるのは銀行の営業時間内となりますが、仮想通貨では相手方の送信先（アドレス）を知っていれば、夜間や休日でもほぼ**リアルタイム**に送金を行うことができます。ビットコインの場合は、たったの数十分で送金が行えます。さらに、海外に送金する際も、銀行のように高い手数料を取られることもなく、国内海外関わらず**低コスト**で可能になります。ただしビットコインの場合、最近の価格高騰に伴い、手数料の高額化・取引量増加の「詰まり」による送金の遅れが問題となっています。

■ 仮想通貨と銀行送金

	仮想通貨	銀行送金
①ダイレクト	送り先情報を知っていれば直接相手に送れる	銀行を仲介
②リアルタイム	数分〜数日 夜間・土日・祝日も可	営業時間内のみ
③低コスト	数円〜数千円（国内外問わず）	数百円〜数千円（海外）

▲ 仮想通貨は銀行を介さないことにより、スピード、コスト面で大きなメリットを享受できます。

 ## 「通貨」に投資をする時代

　ビットコインをはじめとするこのまったく新しい通貨は、現在多くの**取引所で売買**をすることができます。そして、誕生以降右肩上がりでその価値が上昇しています。インターネットが世の中を一変させ、AmazonやGoogleのような世界的企業が台頭したとき、早期にこれらの企業に投資していた人は、大きな利益を享受することができました。例えばAmazonの株は、1998年には5ドルでしたが、20年後の今では260倍（1,300ドル）となっています。

　仮想通貨も同様です。仮想通貨に日本人の注目が一気に集まった2017年12月以降、初期投資をしていた人の中には、億を超える莫大な資産を築くことができた人もいます。すでに多くの人が仮想通貨投資を始めていますが、仮想通貨の実用化という点においては、まだスタートラインにも立っていない状況です。これから価値のある仮想通貨やその関連技術に注目が集まり、関連サービスの実用化が広まれば、さらに価値が大きく上昇していくフェーズになるはずです。

第1章 ● 仮想通貨取引について知ろう

Section 02 仮想通貨にはどんな種類がある?

▶Keyword◀
アルトコイン
イーサ(イーサリアム)

仮想通貨で有名なのはビットコインですが、それ以外にも多くの種類の仮想通貨が約1,000種類以上存在しています。ここでは、時価総額が高い、主な仮想通貨の特徴を見ていきましょう。

Ⓑ ビットコインとアルトコイン

　仮想通貨というと、多くの人はビットコインを想像します。しかし、ビットコイン以外にもたくさんの仮想通貨が存在します。その数は現在約1,000種類以上あるといわれ、これらビットコイン以外の仮想通貨を総称して**アルトコイン**と呼びます。ここでは、これら多数ある仮想通貨の中で、時価総額が高い通貨を中心にご紹介します（2018年1月現在）。なお、ここで取り上げている通貨は、すべて国内最大手の仮想通貨取引所bitFlyerで売買取引をすることができます。

ビットコインとビットコインキャッシュ

　もっとも取引高の多い仮想通貨は、**ビットコイン**です。時価総額は約20兆円（2018年1月24日現在）で、仮想通貨の中で1位となっています。サトシ・ナカモトを名乗る人物（もしくは集団）による論文が起源となり、2009年より運用を開始しました。支払い手段としても広がりを見せており、日本国内では、メガネスーパーや旅行代理店のH.I.S.、家電量販店のビックカメラなどで支払い時に利用が可能です。なお、発行上限（P.16参照）は2,100万BTCです。

　また、ビットコインの分裂（ハードフォーク）により誕生した通貨が、**ビットコインキャッシュ**（BCH）です。ビットコインキャッシュはビットコインの構造的な問題を解決するために、2017年8月に分離して誕生しました。誕生後、一度は暴落

▲ ビットコインはもっとも実用性が高く、ビックカメラなどでの支払いが可能です。

しましたがその後は持ち直し、今では時価総額が約2.5兆円で、3位の仮想通貨となっています。名前にビットコインと付いていますが、ビットコインと互換性はありません。

注目を集めるアルトコイン

アルトコインの代表格は、**イーサ（イーサリアム）**です。時価総額は約10兆円を超え、全仮想通貨で2位の地位を占める仮想通貨です。イーサリアムは、ビットコインのように仮想通貨の名称ではありません。「イーサリアムプロジェクト」というアプリケーションやプラットフォームの名称、および関連するプロジェクトの総称であり、このプロジェクトで使用される通貨を「イーサ（ETH）」と呼びます。特徴は、プログラムをブロックチェーン（P.14参照）上に記録することで、第三者を介さず、プログラムに則って自動的に契約を実行（スマートコントラクト）できることです。その未知数の可能性に、マイクロソフト、JPモルガン・チェースなどの大手企業も注目をしています。

また、ビットコインをベースに日常で利用しやすく開発されたのが、**ライトコイン**（時価総額は約1兆円で6位）です。2011年10月に、元Googleのエンジニアによって公開されました。ビットコインではブロックの生成時間が約10分なのに対し、ライトコインは約2分30秒と早く、それゆえ送金にかかる時間も短縮できるので、将来性を見込んでいるトレーダーが多くいます。

そのほか、ライトコインのプログラムを利用して作られた日本発の仮想通貨**モナコイン（MONAcoin）**にも注目が集まっています。上記の仮想通貨と比較するとまだこれからの通貨ですが、世界ではじめてSegwit（セグウィット）と呼ばれる技術を導入したり、bitFlyerが取引を開始したことから、急速に注目を集めています。

このように、今まではビットコイン一強の時代が続いていましたが、2017年末からアルトコインにも注目が集まり、大きなマネーが流入する動きが広がっています。

■ わずか1年で377倍に上昇したモナコイン

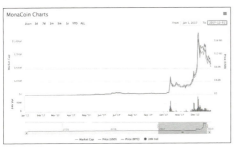

◀ モナコインは、2017年1月から1年間で377倍（0.024ドル→9.06ドル）に上昇し、多くの億万長者を生み出しました。アルトコインはこういった大幅上昇が期待できる点が投資家を惹き付けています。
URL https://coinmarketcap.com/currencies/monacoin/

第1章 ● 仮想通貨取引について知ろう

Section 03 ビットコインのしくみとは？

▶ Keyword ◀
ブロックチェーン
マイニング

仮想通貨の代表格であるビットコインには、管理者が存在しません。管理者なくビットコインが動き続けることができる理由は、ブロックチェーンという技術にあります。

ビットコインの根幹技術がブロックチェーン

　ビットコインのしくみを支えるのが、ブロックチェーンという技術です。ビットコインの過去のすべての取引データは、「ブロック」と呼ばれる固まりに集められ、保管されています。1つのブロックに約10分間分の取引データが含まれており、このブロックを過去から現在までチェーン状につなげることで、取引の信頼性を担保しています。

　この過去の取引データが分断されて改ざんされないよう、それぞれのブロックには1つ前のブロックの内容に基いて生成された「ハッシュ値」という値が含まれています。そして、世界中のコンピュータがこのハッシュ値をもとに単純計算を行い、条件を満たす次のブロックを作るためのハッシュ値を導き出しています。このしくみを、「プルーフ・オブ・ワーク（PoW）」といいます。

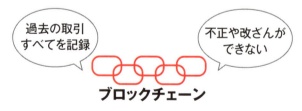

◀ ブロックチェーンは仮想通貨だけではなく、金融とITを融合した「フィンテック」分野などでの活用が注目されています。

◀ ビットコインの取引はブロックに集められ、過去からの全取引が閲覧可能です。

URL https://blockchain.info

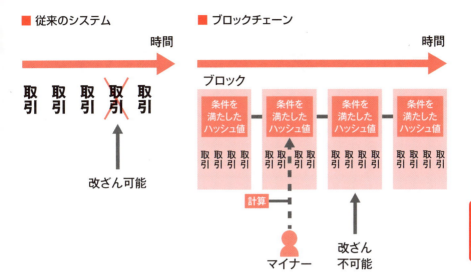

▲ ブロックチェーン技術により、過去の取引データを分断して改ざんすることが困難となります。

ビットコインネットワークに貢献すると報酬が得られる

　ビットコインでは、このハッシュ値を導き出したコンピュータに対して報酬（ビットコイン）が与えられるしくみになっています。この経済的なインセンティブにより、ビットコインのネットワークが保持されています。このように、ビットコインのネットワークの維持に貢献する人を**マイナー**と呼び、その作業を**マイニング**といいます。

　マイナーへの報酬として支払われるビットコインは、約4年ごとに半分となることがあらかじめ決まっています。2140年ごろには新規発行がなくなり、マイナーへの報酬は送金手数料のみとなります。

---

column　プルーフ・オブ・ワークの問題点とは？

　プルーフ・オブ・ワークは、ナンスと呼ばれる値を変更してひたすら計算を行う作業です。それ自体の作業はなにか社会的な意味を持つものではありません。また、多くのコンピュータを用いて一斉に計算を行うので、「電気代の無駄使い」と揶揄されることもあります。マイナーは本来誰でもなることができますが、マイニングの難易度は上昇しており、数社のマイナーが大がかりなコンピュータと資金力を用いて全マイニングの多くの割合を独占している状態、いわゆるマイニングの寡占化が進んでいます。マイニングの寡占化が進み発言力が増してくると、非中央集権というビットコインの理念が崩れるとの危惧があります。こういった批判からプルーフ・オブ・ワークに変わる改ざん抑止のしくみなども台頭してきており、一部のアルトコインに実装され、注目を集めています。

第1章 ● 仮想通貨取引について知ろう

Section 04

仮想通貨と法定通貨・電子マネーの違いは?

▶Keyword◀
発行主体
発行上限

ビットコインをはじめとする多くの仮想通貨は、発行主体が存在せず、さらに発行上限があらかじめ決められています。この点が、法定通貨や電子マネーと決定的に異なっています。

法定通貨と仮想通貨との違い

円やドル、ユーロなどの従来の法定通貨と仮想通貨の大きな違いについて、2つのポイントを挙げることができます。

1つ目は、「**発行主体の有無**」という点です。法定通貨は明確な「発行主体」が存在しています。例えば、1万円札には「日本銀行」券と記載されており、この場合の発行主体は日本銀行です。そのほか、ドルやユーロ、人民元など、海外の法定通貨もそれぞれ各国の中央銀行が主体となっており、その信用のもとに通貨としての価値が維持されています。しかし、ビットコインをはじめとする多くの仮想通貨の場合、このような発行主体が存在しません。

また、2つ目として「**発行上限の有無**」があります。法定通貨には発行上限がないので、各中央銀行の金融政策いかんで通貨の発行がコントロールされます。多くの通貨が発行されれば発行されるほど、その通貨の価値は相対的に下がり、インフレが発生する可能性があります。しかし、仮想通貨には発行上限があらかじめ決められており、例えばビットコインは約2,100万BTC以上を発行することができません。

なお、一部の仮想通貨には発行主体があるものもあります。

■ 法定通貨と仮想通貨

	法定通貨	仮想通貨
発行主体	あり（中央銀行など）	なし
発行上限	なし	あり

▲ 法定通貨は発行上限がないため、構造上インフレが起こりやすく通貨の価値が棄損しやすい特徴があります。

電子マネーと仮想通貨との違い

　仮想通貨と電子マネーは、「目に見えない通貨」という点では共通しています。どちらも現金を持っていなくても、スマートフォンなどを利用してお店などで支払いをすることが可能です。しかし、「Suica」「nanaco」「Edy」などの電子マネーには、法定通貨と同じように、それぞれJR東日本、セブンカードサービス、楽天Edyなどの**発行主体**があります。他方、ビットコインをはじめとする多くの仮想通貨の場合は、発行主体が存在しません（一部例外を除く）。

　また、電子マネーは**価格が変動**せず、1,000円チャージをすると、必ず1,000円分を支払いで利用できます。しかし仮想通貨の場合、価格が変動するので1,000円分の仮想通貨を購入しても、しばらくすると1,050円の価値になることもあれば、950円の価値になってしまう可能性もあります。

　さらに、仮想通貨は自分のウォレット（Sec.31参照）から、ほかの人のウォレットへと**資金を移動**することができますが、電子マネーは基本的に個人がお店など企業に対して支払うものと想定しており、個人間でのお金のやりとりはできません。

　このように、電子マネーの本質は法定通貨である円を使いやすいように管理しているものといえますが、仮想通貨の場合はそもそも円でもドルでもない新しい通貨ですので、まったくの別物といえます。

■ 電子マネーと仮想通貨

	電子マネー	仮想通貨
発行主体	あり	なし
価格の変動	なし	あり
個人間での資金の移動	できない	できる

▲ 電子マネーは、本質的には発行主体となる企業が法定通貨を使いやすくしたものです。

> **column　まだある電子マネーとの違い**
>
> 電子マネーと仮想通貨の間には、そのほかにも「ポイント付加の有無」「投資対象であるかどうか」「支払い先の入金のしくみ」といった違いが見られます。電子マネーと仮想通貨は一見似ているように見えて、実際はまったくの別物なのです。

第1章 ● 仮想通貨取引について知ろう

仮想通貨は怪しくないの？

▶ Keyword ◀
トラブル
情報商材

メディアで仮想通貨が報じられる機会が増えるにつれ、怪しい話も急増しています。怪しい話には、いくつかのパターンがあります。ここで、仮想通貨詐欺のパターンをおさえておきましょう。

仮想通貨の詐欺が急増中

　仮想通貨は目に見えないお金ということもあり、「怪しいのでは？」と不審に思う人も多くいるかもしれません。しかし、日本では2017年4月に仮想通貨法（改正資金決済法）が施行され、仮想通貨も決済手段であると政府が法律上で定義付けました。仮想通貨取引所の金融庁への登録も義務化され、仮想通貨の法整備は着々と進んでいます。そういった法整備が追い風となり、日本で空前の仮想通貨ブームが到来しています。

　しかし、そのような状況を利用するかのように、最近は**仮想通貨の投資に絡んだトラブルが多数発生**し、相談件数が増加しています。国民生活センターが運営する「PIO-NET（全国消費生活情報ネットワークシステム）」によると、仮想通貨によるトラブル相談件数は2014年は194件でしたが、2016年には3倍以上の634件となっており、水面下ではもっと多くの被害があるものと推測されます。

　仮想通貨の詐欺の多くは、次ページの3パターンに集約されます。いずれかの手段を用いて皆さんの大事な資産をむしり取ろうとします。十分に気をつけましょう。

■ PIO-NETに寄せられた仮想通貨トラブルの件数

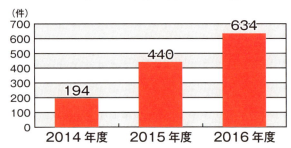

◀ 仮想通貨ブームに伴い、仮想通貨に関するトラブルなどの相談件数が年々増えています。

「PIO-NET｜知人からの勧誘、セミナーでの勧誘による仮想通貨の購入トラブルにご注意」
URL http://www.kokusen.go.jp/news/data/n-20170330_1.html

≫ 怪しい仮想通貨を購入させる

　1つ目は、怪しい仮想通貨を購入させるパターンです。ビットコインやイーサ（イーサリアム）などの時価総額が高いメジャーな仮想通貨ではなく、「生まれたばかり」のアルトコインを勧める手口が多いです。特に注意が必要なのが「発行主体の有無」です。仮想通貨は現在では誰でも作成することができるので、ほぼ無価値の仮想通貨を作成して、「値上がりするから」と高額で売りつけるケースがあります。そもそも、仮想通貨は10円や100円からでも購入することができます。**「最低購入価格」などとして高額を提示するものは、詐欺と思ってもよいでしょう。**

≫ 怪しい取引所で取引させる

　2つ目は、怪しい取引所で取引をさせるパターンです。特に勧誘用のウェブページから、アフィリエイトなどを目的として海外の取引所などで取引をさせるパターンが多いです。こういった手法はFX（外国為替証拠金）の世界でも多く見られる典型的なパターンであり、一度入金したらなかなか出金に応じてもらえないなどのトラブルが頻出しています。金融庁・財務局の「仮想通貨交換業」の登録を受けた事業者を利用するなど、自身でできるリスク管理を徹底しましょう。

≫ 怪しい情報商材を買わせる

　3つ目は、怪しい情報商材を買わせるパターンです。ほとんど中身のないPDFや「絶対勝てる!」と吹聴する自動売買プログラムなどを高額で売りつけます。Googleなどの検索サイトやTwitterなどで情報商材名と「詐欺」などのキーワードで検索すると、悪評が確認できることもあります。

　いずれも無料で開催されるセミナーやウェブページなどで集客をして、情報商材の購入へと勧誘することが多いです。**「絶対儲かる」という言葉は、「絶対」に信じてはいけません。** くれぐれも気をつけてください。

---

column　メジャーな取引所で投資をすることで心配を減らせる

聞いたことのない仮想通貨や取引所には、手を出さないのが鉄則です。本書で取り上げているbitFlyerやZaifなど、Sec.15で紹介しているメジャーな仮想通貨取引所で取引をするようにしましょう。

第 1 章 ● 仮想通貨取引について知ろう

仮想通貨取引の流れは？

▶ Keyword ◀
仮想通貨取引所
アカウント

仮想通貨取引の流れは主に4段階です。「仮想通貨取引」というと難しそうなイメージですが、やってみると案外かんたんです。投資未経験者でも、多くの人が仮想通貨取引をスタートしています。

仮想通貨取引は4つのステップ

　仮想通貨の売買取引の流れは、株式取引などとほとんど同じです。はじめに仮想通貨取引所のアカウントを作成し、日本円を入金します。入金が完了したら、「安く買って高く売る」ことを目標に仮想通貨を売買しましょう。売却後、出金依頼をすると、銀行口座に出金額が振り込まれます。

■ 仮想通貨投資の流れ

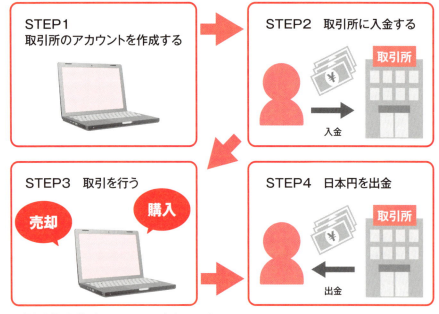

▲ 仮想通貨の取引は主にこの4ステップで行われます。

①仮想通貨取引所のアカウントを作成する

　最初に、仮想通貨取引所のアカウントを作成します。仮想通貨取引所は国内外に数多くあり、それぞれ取り扱っている仮想通貨も、手数料も、可能な取引の種類も異なります。自分が何を重視するのかによって仮想通貨取引所を選び、アカウントを作成しましょう。アカウント作成はウェブ上で必要事項を入力し、本人確認書類をインターネット上で提出して、郵送で口座開設完了通知を受け取る必要があります。この郵送のプロセスは本人確認も兼ねているため、省略することができません。なお、アカウントの開設方法については、第2章で解説しています。

②仮想通貨取引所のアカウントに入金する

　アカウントの作成が完了したら、次はアカウントに日本円を入金します。入金方法は銀行振込やコンビニ入金が一般的です。入金方法については、第3章のSec.21、22で解説しています。

③取引を行う

　入金が完了したら、いよいよ取引開始です。仮想通貨の取引市場は24時間開いており、また土日や祝日も取引をすることが可能です。価格が低めのときに購入して、価格が上がったら売却するのが基本です。仮想通貨は価格変動が大きいので、リスク管理をしっかり行いましょう。具体的な取引の方法については、第3、5、6章で解説しています。

④日本円を出金する

　仮想通貨を売却して利益が出たら、取引所のアカウントから自分の銀行口座へ日本円で出金します。また購入した仮想通貨は、そのまま自分のウォレットに移して使用することも可能です。最近ではビットコインで支払いができる実店舗やネットショップも増えてきています。

---

column　税金がかかることを忘れずに

仮想通貨は値動きが激しく、予想外に大きな利益を得る可能性を秘めています。しかし、忘れてはいけないのは、仮想通貨の売買で得た利益には課税されるということです。Sec.12を参考に、仮想通貨売買で支払う税金について確認するようにしましょう。

第1章 ● 仮想通貨取引について知ろう

仮想通貨取引の
メリット・デメリットは?

▶ Keyword ◀
リターン
価格変動

仮想通貨取引は、株式や債券、またはFXなどの既存の金融商品とは異なるメリットやデメリットがあります。これらのメリットとデメリットをおさえておくことは、仮想通貨取引をする上で重要です。

 仮想通貨取引のメリット

仮想通貨取引のメリットには、主に次の4つが挙げられます。

①将来大きくリターンを得られる可能性がある

仮想通貨投資の最大のメリットは、なんといっても将来的な上昇の余地です。以前はほとんど価値の付かなかったビットコインがここ数年で何百倍にもなり、億万長者が何人も誕生しています。また、最近では日本発の仮想通貨モナコインが大幅な暴騰を見せ、大きな利益を出した人が続出しています。今後もこういった上昇する仮想通貨を見つけることができれば、一財産を築くことも不可能ではありません。

②いつでも取引できる

取引時間についても大きなメリットとなります。取引は24時間可能であり、また土日や祝日も行うことができます。24時間取引できるのがウリのFX（外国為替証拠金取引）も土日には取引ができないので、この点、仕事が土日休みの会社員などにはピッタリの投資方法といえます。特に「ビットコインは土日に動く」といわれるほど、大きなトレードチャンスを見せることも多いです。

③流動性が高い

さらに仮想通貨取引は、その流動性の高さもメリットです。不動産取引などは売却するまでに数ヶ月かかることもありますが、仮想通貨の場合、常に買いたい人がいるので、すぐに円に換金することが可能です。ただし、あまりにマイナーな仮想通貨の場合は、流動性が低いこともあるので注意が必要です。

④ほかの金融商品のヘッジになる

　仮想通貨取引は、株式や債券、FXといったほかの金融商品との相関関係が低いこともメリットです。相関関係が低いということは、これらの既存の金融商品とは異なる動きをするということです。つまり、既存の金融商品が下がり続ける局面でも、仮想通貨は力強い上昇を見せて、史上最高値を更新することもあります。こういった関係性は分散投資の観点から非常に重要で、ほかの投資商品と組み合わせることにより、リスクヘッジを行うことができます。

 仮想通貨取引のデメリット

　反対に、仮想通貨取引のデメリットについては、主に下記の2つを挙げることができます。

①価格変動が大きい

　まず仮想通貨取引は価格変動が大きいです。法定通貨では1日にドル円が20%も変動すれば大混乱ですが、仮想通貨ではそういったことが頻繁に起こります。1日に資産が倍になることもある一方、半分になってしまうこともあるので、取引にはくれぐれも注意が必要です。

②仮想通貨を購入しても使えるところが少ない

　また、現在仮想通貨取引は実用面というより投機という側面が強いです。仮想通貨を使える場所は徐々に増えてはいるもののまだ限られており、汎用性という点では円に劣ります。

■ 仮想通貨取引と株式や債券、FXなどの取引の比較

	仮想通貨取引	株式や債券、FXなどの取引
値動き	とても大きい	小さい〜大きい
取引時間	24時間年中無休	限定されている ※日本株：平日9時〜15時 FX：土日以外
流動性	高い（マイナー通貨除く）	高い

▲ 既存の金融商品との違いを把握しておくことが有利な取引をするためにも必要です。

第1章 ● 仮想通貨取引について知ろう

Section 08

仮想通貨の値はなぜ動く?

▶ Keyword ◀
需給のバランス
イベント

仮想通貨の価格は、常に動いています。仮想通貨の価格が動く要因は主に3つありますが、それぞれの要因をおさえておくことで、価格が動いたときに余計な動揺を避けることができます。

仮想通貨の価格が変動する理由

仮想通貨の価格は固定性ではなく、変動性となっています。ビットコインでは1日で数十万円上昇し、数十万円下落する、といった値動きが見られることもあります。では、どうしてこのような値動きが起きるのでしょうか。

❯❯ 需給のバランスで価格が形成される

まず要因として1つ目に挙げられるのは、**需給**です。需給とは需要と供給のことをいい、「買いたい」人と「売りたい」人とのバランスで価格が形成されていきます。例えば今後ビットコインがさらに広まっていくと考えれば、ビットコインを求めて「買いたい」という人が増え、その結果ビットコインの価格は上昇します。反対に、ビットコインはもう手放したい、と「売りたい」と考える人が増えれば、ビットコインの価格は下落します。これは株式や債券のほか、法定通貨と同じ原理です。

■ 需給によって変動する

▲ 需要が増えれば増えるほど価格は上がり、需要がなくなると価格は下がります。

❯❯ イベントなども価格変動の要因の1つ

　また、**イベント**も価格変動の要因と考えられます。例えばビットコインでは、しばしばコインの改良を目的としたハードフォークという分裂問題に直面しています。P.12で紹介したビットコインキャッシュのように、ビットコインから新しいビットコインが分裂をすることで不安が広がり、価格が下落することがあるのです。また、ブロックサイズ問題というビットコインの構造上の問題が表面化したり、ビットコイン関係者がネガティブな発言をしたりすることでも、マーケットが反応することがあります。

■ イベントなどで変動する

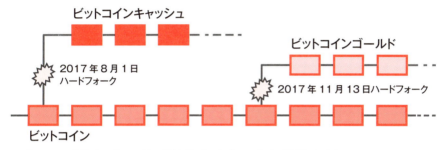

▲ ビットコインは分裂（ハードフォーク）が相次ぎ、そのたびにマーケットが反応しています。

❯❯ 投機筋の思惑でも価格は動く

　最後の要因として挙げられるのは、**投機筋の思惑**です。ビットコインは現在、実需という側面よりも投機という側面が強いです。大きな価格変動が起こった場合などはその流れに追随して売買が行われることで、さらに動きが加速することがあります。また、過去の価格の推移も重要で、チャートの動きを読み取るテクニカル分析と呼ばれる分析手法を用いて売買を行うトレーダーも多く存在します。彼らの動向も、価格形成の重要な側面を担っています。

■ 投機筋の思惑で変動する

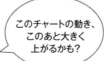

◀ 仮想通貨の現在のメインストリームは投機目的です。世界中のトレーダーが価格変動の大きさに惹かれて取引に参入しています。

第1章 ● 仮想通貨取引について知ろう

仮想通貨の取引はいくらからできる?

▶ Keyword ◀
通貨単位
少額取引

ビットコインには取引単位が存在します。すぐにはなじみにくいかもしれませんが一度慣れればかんたんです。また各取引所によって最低取引単位も異なりますので、事前におさえておきましょう。

ビットコインの通貨単位と最低取引額

　各仮想通貨取引所では、それぞれ最低取引額を定めています。最低取引額は、日本円ではなく、それぞれの仮想通貨の通貨単位で決められています。そのため、はじめに仮想通貨の通貨単位について確認しましょう。ここでは、ビットコインを例に解説します。

ビットコインの通貨単位

　ビットコインは通貨なので、円やドルなど法定通貨と同様に通貨単位があります。ビットコインの基本の通貨単位は、「BTC(ビットコイン、またはビーティーシー)」です。本書執筆現在、1BTCは約120万円前後です(2018年1月現在)。ただし、この単位は日常で使うには大きすぎるので、細かい呼び方も用意されています。それが、1mBTC(ミリビットコイン)と1μBTC(マイクロビットコイン)です。それぞれ日本円にすると約1,200円、約1.2円相当です。さらに、最小単位は1Satoshi(サトシ)と呼ばれ約0.012円相当です。サトシとは、ビットコインの開発者とされるサトシ・ナカモトに語源があります。

■ ビットコインの通貨単位表

通貨単位	単位の呼び方	スケールと日本円換算
1BTC	ビットコイン	約120万円
1mBTC	ミリビットコイン	0.001BTC(約1,200円)
1μBTC	マイクロビットコイン	0.000001BTC(約1.2円)
1Satoshi	サトシ	0.00000001BTC(約0.012円)

▲ ビットコインには4段階の通貨単位があります。　　　　　　　　　　(2018年1月現在)

取引所により最低取引額は異なる

　ビットコインの取引をする場合、「1BTCからしか取引できない」と思われる方も多いのですが、そんなことはありません。どの仮想通貨取引所も、少額からビットコイン取引を行うことができます。

　例えば、bitFlyerの場合、取引所では0.001BTC（1mBTC）から取引が可能なので約1,200円で取引をスタートすることができます。また、Zaifとbitbankでは0.0001BTC（0.1mBTC）、つまり約120円からの取引が可能です。なお、Coincheckでは0.005BTC（5mBTC）で約6,000円からの取引となっています。

　また、多少割高にはなりますが、取引所ではなく販売所を使うと（Sec.14参照）、さらに低額から仮想通貨を購入できます。bitFlyerの販売所では、0.00000001BTC（1Satoshi）から取り扱いが行われています。

■ **各仮想通貨取引所によるビットコイン最低取引額**

取引所	販売所／取引所	最低取引額
bitFlyer	販売所	0.00000001BTC（約0.012円）
bitFlyer	取引所	0.001BTC（約1,200円）
Zaif	販売所／取引所	0.0001BTC（約120円）
bitbank	取引所	0.0001BTC（約120円）

▲ 仮想通貨取引所により、取引可能な最低額が異なります。　　　　　（2018年1月現在）

---

column　アルトコインの最低取引額とは

bitFlyerの販売所の場合、イーサ（イーサリアム）は0.00000001ETH（1ETH=約109,000円）、イーサ（イーサリアム・クラシック）は0.00000001ETC（1ETC=約3,200円）、ライトコインは0.00000001LTC（1LTC=約20,000円）、ビットコインキャッシュは0.00000001BCH（1BCH=約177,000円）、モナコインは0.00000001MONA（1MONA=約720円）が最低取引額となっています（レートは2018年1月）。

第1章 仮想通貨取引について知ろう

Section 10 仮想通貨の取引に必要なものは?

▶Keyword◀
パソコン
アカウント

仮想通貨取引を始めるにあたり、特別に特殊なツールなどの用意をする必要はありません。基本的にはインターネット接続環境にあるパソコンが1台あれば、どこでも取引を行うことができます。

パソコン1台あれば取引できる

　仮想通貨の取引というと、何か特殊なツールなどを使って行うと思う人もいるかもしれません。しかし、基本的にはネット株取引やFXなどと同じで、一般的に誰でも用意できるものを使って取引を開始することができます。

インターネット接続環境にあるパソコン

　必ず必要なものは、インターネット接続環境にあるパソコンです。ネット株やFXなどと同じように、パソコンのMicrosoft EdgeやGoogle ChromeなどのWebブラウザーで、仮想通貨取引所のホームページにアクセスして取引を行います。インターネット回線は極端に遅くなければ、特別に高速である必要はありません。また、最近はスマートフォンを持っているので、パソコンは所有しないという人も多くいます。たしかに仮想通貨取引もスマートフォンで行うことができ、アカウント開設もできますが、パソコン上での画面のほうが表示される情報量が多いなど、取引を行う上で有利です。基本は、パソコンを利用して取引を行いましょう。

　取引に慣れてきたら、株式トレーダーのように複数のディスプレイに別々の仮想通貨のチャートを表示して動きを見ながら取引する……というのもありかもしれませんが、専業のプロを目指すわけでもなければ、そこまでする必要はありません。

◀ インターネットに接続可能なパソコンは最低限用意しましょう。

❯❯ 仮想通貨取引所の口座アカウント

次に必要なものは、仮想通貨取引所の口座アカウントです。このアカウントがないと、仮想通貨の売買取引ができません。また、アカウント開設にはメールアドレスや運転免許証などの本人確認書類、銀行口座などが必要です。銀行口座は、自宅で利用ができるインターネットバンキングサービスを利用すると便利です。また、仮想通貨取引所のアカウントは、1社だけでなく複数作成して利用すると、リスク分散という視点からも理想的です。

◀ 仮想通貨取引所のアカウント開設には、本人確認書類と銀行口座が必要です。

❯❯ 失っても生活に困らない余剰資金

最後に、なくてはならないものは、投資を行うのに必要なお金です。仮想通貨は500円や1,000円など少額からでも始めることができるのが大きな特徴ですが、投資額が大きければ大きいほど、その分、値動きによって得られる利益も大きくなります（もちろん、損失も同様です）。しかし、仮想通貨投資に限らず、株式やFXでもいえることですが、生活を切り詰めてかき集めたなけなしの財産を投資に使うようなことは絶対にしないでください。仮に失ったとしても生活には困らない余剰資金を使って、仮想通貨投資をするようにしましょう。

---

column　そのほかにあるとよいもの

そのほかに仮想通貨を始めるにあたり、あるとよいものとして、「ウォレット」（Sec.31参照）があります。仮想通貨取引所にもそれぞれウォレットはありますが、ハッキングなど万が一のときに備え、自分のウォレットを用意して、購入した仮想通貨を保管しておくことで、セキュリティが向上します。また、仮想通貨は日々刻々と情報が更新されます。SNSをはじめとする玉石混交のネット情報には、不正確なものも多くあります。常に最新の正確な情報を、信頼できるソースから得られるように情報源を確保しておきましょう。

第1章 ● 仮想通貨取引について知ろう

Section 11

仮想通貨取引には
どんな方法がある?

▶Keyword◀
現物取引
FX／先物取引

仮想通貨取引には、さまざまな方法があります。特に時間軸を意識した取引をすることで、リスクとリターンをある程度コントロールすることが可能です。しっかりとおさえておきましょう。

取引方法は現物取引・FX取引・先物取引の3種類

まずは売買取引の方法の種類について解説します。仮想通貨の取引は、主に現物取引と、FX取引、先物取引の3種類に分けられます。

❯❯ もっとも一般的な売買取引の「現物取引」

現物取引とは、普通に仮想通貨の現物を売買する取引のことをいい、アカウントに入金した範囲内の金額で取引を行います。例えばビットコインを1BTC190万円で購入したければ、仮想通貨取引所で1BTC190万円で買い注文を出し、1BTC190万円で売っていいよという人がいたら1BTCを190万円で購入できることをいいます（手数料除く）。仮想通貨を購入後はその仮想通貨の所有者となるので、価格が上がったところで売却して売却益を狙ったり、ウォレットへ移して保管したり、お店などでの支払いに利用したり、ほかの仮想通貨と交換したりするなど、好きなように取り扱うことができます。また、もしも購入した仮想通貨が大暴落してしまった場合、損する金額というのは最低でも購入したときの金額となります。購入額以上に損失が発生することはありません。なお、本書では現物取引を中心に解説しています。

■ 現物取引とは

▲ 現物取引は、一般的ないちばんイメージしやすい売買取引です。

資産の何倍もの取引が可能な「FX取引」

FX取引とは、証拠金を仮想通貨取引所に預け入れて、差金決済（P.112参照）で売買する取引です。現物取引との違いは主に2点です。まず、「売り」からも取引ができる点が特徴です。相場が下落しているときにも利益を得るチャンスがあります。次に、レバレッジをかけて資産の何倍もの取引を行うことができます。bitFlyerでは最大15倍のレバレッジをかけることができます。そのため、少ない資産でもハイリターンを得ることができます。

上級者向け、運用に注意が必要な「先物取引」

先物取引も、FX取引と同様に証拠金を仮想通貨取引所に預け入れて、差金決済で売買を行う取引です。FX取引と同様に「売り」からも取引が可能で、レバレッジをかけることができます。限月と呼ばれる限られた期日で取引を行い、期日中はスワップポイントと呼ばれる手数料が発生します。FXと異なる点は、満期日がある点です。FXの場合、満期日がなく買いや売りのポジションを保有しておくことができますが、先物取引の場合は満期日を過ぎると強制的に決済されます。

■ 3つの取引の特徴

	現物	FX	先物
売りから取引	できない	できる	できる
レバレッジ	できない	できる	できる
期日	なし	なし	あり（期日を過ぎると強制的に決済）

▲ FX取引や先物取引は、入金額以上の取引ができるなど魅力的ですが、リスクもしっかりと考慮した上で取引しましょう。

---

column　追証とロスカット

FX・先物取引には「追証」（証拠金不足による追加証拠金）や「ロスカット」（証拠金不足による強制決済）といった独自のルールがあります。bitFlyerの場合、「証拠金維持率」が80%、ロスカットは20%を下回ったところで適用されます。例えば、1BTCの価格が200万円でレバレッジ10倍の取引をする場合、「必要証拠金」は20万円（200×1×10%）となります。この場合、20万円の資産が16万円となった場合に「追証」、4万円を下回ったところで「ロスカット」が適用されます。「追証」は、3銀行営業日以内に証拠金を追加で預け入れないと強制的に決済されてしまいます。また、「ロスカット」は20%を下回ったところで猶予なく強制的に決済されます。

取引スタイルは「短期取引」と「長期取引」

次に取引スタイルについてです。仮想通貨の取引は、時間軸に分けて短期の「短期取引」と、長期の「長期取引」に分けることができます。

◎「短期取引」で数分、1日、数日単位で取引

短期取引には、主に「スキャルピング」「デイトレード」「スイングトレード」の3種類があります。

スキャルピングとは超短期売買のことで、売買を数分から、短いものだと数秒で行う取引です。株式やFXなどと比べても仮想通貨は特に値動きが大きいので、短い時間で利益が得られることもあり、すぐに損益が確定する、人気の取引手法です。ただし、マーケットに常に張り付いていなければならず、コツコツ利益を貯めても大きくレートが暴落すれば貯めた利益が一気に吹き飛んでしまうことになるので、リスク管理と集中力がなにより重要です。

デイトレードは、数時間から1日単位で売買を行う取引です。1日の大きな流れをつかみ、利益を得ようとするトレード手法です。

さらに時間軸が長くなったのが**スイングトレード**です。スイングトレードは数日単位で売買を行いますので、より大きな流れをつかんで取引することができます。一般的に時間軸が長ければ長いほど値幅が大きくなるので、1回の取引の利益も大きくなりますが、その分、損失も大きくなります。

なお短期取引は、証拠金によるレバレッジを効かせた取引と組み合わせることでも、効率よく利益を上げることができます。

■ **短期取引の特徴**

	売買取引時間	特徴
スキャルピング	数秒、数分	すぐに利益を出しやすいが、常にマーケットに張り付いている必要がある
デイトレード	数時間、1日	1日のチャートの流れを分析する必要がある
スイングトレード	数日	大きな流れをつかんだ取引となり、利益も損失も大きくなる

▲ 短期取引でも、それぞれの特徴が異なります。

❯❯ すぐに売らず長く保有し続ける「長期取引」

　長期取引は一度、または数回に分けて取引をしたら、あとはずっと保有しておくスタイルです。FXや先物ではなく、現物による取引となります。過去の価格変動を見て安値で買い、あとはずっと保有しておくことで大きな利益が得られることを期待します。長期的に上昇が期待される仮想通貨で、特に効果的な取引手法です。また一度売買すればあとは保有するだけなので、短期取引と比較してレートの頻繁なチェックの必要がなく、普段は忙しい会社員などの副業としても向いています。

　また、長期取引では、**積立投資**も有効です。毎月自分で決めた額の仮想通貨をコツコツと積み立てていき、それを売らずに長期間保有するという投資法です。bitFlyerでは、クレジットカードでの購入で毎月1,000円以上からビットコインやイーサ（イーサリアム）を定期積立することができます（P.109参照）。また、Zaifでは指定の銀行口座から毎月引き落としで、こちらも1,000円以上からビットコインを定期積立することが可能です。

■ 短期取引と長期取引の比較

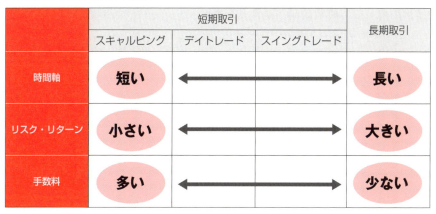

▲ 一般的に時間軸が長い取引ほどリスクとリターンが大きくなりやすく、さらに手数料が気にならなくなります。

第1章 ● 仮想通貨取引について知ろう

Section 12

税金について把握しておく

▶ Keyword ◀
雑所得
確定申告

仮想通貨取引で得た利益は課税対象となり、その扱いは株式や債券、FXとは大きく異なります。税金の扱いは複雑ですが、とても重要なことなので、しっかりとおさえておきましょう。

年間20万円以上の利益は確定申告が必要

　仮想通貨の売買取引で利益を得た場合、その額に応じて確定申告を行い、税金を納める必要があります。納税漏れのないよう、あらかじめどのような税制なのかをしっかりと確認しておきましょう。

雑所得として総合課税が適用される

　仮想通貨取引で得た利益は「雑所得」の扱いとなり、「総合課税」が適用、つまりほかの所得（下記表参照。会社員の給与所得も含まれる）と合算したもので所得税率が計算されます（年間20万円以下の場合は所得税は非課税）。FXや株の配当金、株の譲渡益も扱いは雑所得で同じですが、こちらはほかの所得とは合算せずに、分離して税金を計算する「申告分離課税」が適用されるという違いがあります。

■ 総合課税に含まれる8つの所得

総合課税	利子所得	配当所得	不動産所得	事業所得
	給与所得	譲渡所得	一時所得	雑所得

▲ これらの所得の合計額から納税額が算出されます。

　なお、仮想通貨投資で得た雑所得の額は、

$$雑所得＝売却価格－（購入価格＋手数料）$$

で算出することができます。

また、税率は課税対象額が増える「累進税率」が適用されるので、利益が増えれば増えるほど、税率も上がるというしくみになっています。

これにより、課税額は、

課税額＝所得課税の合計所得額×税率ー控除額

で算出することができます。

■ 課税対象の所得金額にかかる税率と控除額

課税対象の所得金額	195万円以下	195～330万円	330～695万円	695～900万円	900～1,800万円	1,800～4,000万円	4,000万円以上
税率	5%	10%	20%	23%	33%	40%	45%
控除額	0円	97,500円	427,500円	636,000円	1,536,000円	2,796,000円	4,796,000円

▲ 出典：国税庁ホームページ（https://www.nta.go.jp/taxanswer/shotoku/2260.htm）

■ 仮想通貨取引で得た利益にかかる税金

- 雑所得として扱われ「総合課税」が適用される
- 課税対象額が増えるほど、税率も増える

column 国税庁の見解を確認する

国税庁では、仮想通貨取引による所得の計算方法の見解を、ホームページで公開しています。仮想通貨の分裂（ハードフォーク）によって得た仮想通貨の所得、仮想通貨の証拠金取引による所得でかかる税について、Q&A形式で紹介しています。一度目を通しておきましょう。

▲ 国税庁「仮想通貨に関する所得の計算方法等について」

URL https://www.nta.go.jp/shiraberu/zeiho-kaishaku/joho-zeikaishaku/shotoku/shinkoku/171127/01.pdf

損益通算・損失の繰越控除ができない

　また仮想通貨取引の場合は、総合課税内の8項目で**損益通算ができない**という特徴があります。ほかの所得間では、例えば事業所得や不動産所得などでは損益を相殺することができますが、仮想通貨投資で仮に30万円の損失を出してしまった場合、ほかの所得から損失を差し引いて相殺し、申告することはできません。

　さらに、仮想通貨取引では**繰越控除が適用されません**。例えば1年目に100万円の損失を出し、2年目は30万円の利益を出したという場合、1年目の損失額は関係なく計算され、2年目の課税対象は30万円となります。これが損失の繰越控除が適用されるFX取引では、損失が出てその年に控除しきれない損失額が発生した場合は、翌年3年間に渡って発生した利益からその損失を控除することが可能です。これに比べると、税制面で仮想通貨投資は大きく不利であるといえるでしょう。

■ 仮想通貨取引で発生した損失

- 総合課税内のほかの所得から差し引くことができない
- 翌年に繰り越して控除はされない

　このように、仮想通貨投資で得た利益に対する税金のしくみは、そのほかの金融商品とは大きく異なります。不安であれば、税理士に相談してみるのもよいでしょう。最近は、「GUARDIAN」という仮想通貨投資の税制に詳しい税理士を紹介するサービスもあります。「GUARDIAN」では仮想通貨の所得額によりサービス料が変動し、その支払いはビットコイン決済も可能です。見積り依頼は、パソコンやスマートフォンから出すことができます。

GUARDIAN
URL https://www.aerial-p.com/guardian

仮想通貨の取引口座を開設しよう

Section 13	仮想通貨取引所を選ぶ
Section 14	販売所と取引所の違いを知る
Section 15	各取引所の特徴を知る
Section 16	bitFlyerのアカウントを作成する
Section 17	本人情報登録を行う
Section 18	銀行口座登録を行う
Section 19	二段階認証を設定する

第 2 章 ● 仮想通貨の取引口座を開設しよう

Section 13 仮想通貨取引所を選ぶ

▶ Keyword ◀
仮想通貨取引所
仮想通貨交換業者

現在、国内外問わず、多くの仮想通貨取引所が乱立しています。各取引所による違いや比較のポイントを把握して、自分に合った取引所で売買取引をしましょう。

主要な仮想通貨取引所

　日本国内には、すでに多くの**仮想通貨取引所**があります。主要な取引所として bitFlyer（ビットフライヤー）、Zaif（ザイフ）、bitbank（ビットバンク）などが挙げられます（Sec.15参照）。

　さらに海外にも、多数の仮想通貨取引所が存在します。最近特に注目を集めているのが、2017年7月上旬に開設された香港のBinance（バイナンス）という取引所です。100種類以上の仮想通貨を取り扱っており、世界中からアカウント開設者が集まってきています。まだ日本の金融庁・財務局への登録がされていませんが、今後登録を受けた場合、日本国内でも大きくシェアをとっていくかもしれません。

　このように数多くの中から、どの取引所を利用すればよいのでしょうか？　次のページでは、取引所を選ぶポイントを紹介します。

◀ 国内の仮想通貨取引所としては、取引量1位を誇る「bitFlyer」（https://bitflyer.jp/）がある。

◀「Binance」（https://www.binance.com/）は100種類以上の豊富な仮想通貨を取り扱っている。

資本金の額と金融庁の登録業者であることをチェックする

　まだまだ法整備が未成熟な仮想通貨業界は、特に詐欺が横行しています。そんな中、投資をする上の重要な前提として「安全な取引所を選択する」ことが求められます。その際のチェックポイントとしては、「**資本金の多さ**」があります。また、国内の取引所においては、「仮想通貨交換業者」として**金融庁に登録されているかどうか**のチェックも重要です。金融庁への登録の有無は、「http://www.fsa.go.jp/menkyo/menkyoj/kasoutuka.pdf」で確認することが可能です。

 ## 各仮想通貨取引所の違いを知っておく

　取引所のそれぞれの違いとして、取り扱っている**仮想通貨の数**、**売買手数料**などがあります。

　例えばbitFlyerの取り扱い仮想通貨数が6なのに対し、左ページで紹介したBinanceの場合、100種類以上の仮想通貨を取り扱っています。

　また、取引所の手数料がbitbankなどは0%なのに対し、bitFlyerでは取引量に応じて0.01〜0.15%発生します。Zaifではmaker手数料と呼ばれる、板に注文を並べる際の手数料が-0.05%、taker手数料と呼ばれる、並んだ注文を消費する際の手数料は-0.01%と、取引をすることで逆に手数料がもらえるしくみになっています。

　これらを参考に、自分が売買取引を行いたい仮想通貨を取り扱っているかどうかや、納得できる売買手数料かどうかなどを確認した上で、取引所を選ぶようにしましょう。

■ 仮想通貨取引所の違い

仮想通貨取引所名	取り扱い仮想通貨数	取引所の売買手数料 （ビットコインの場合）
bitFlyer	6通貨	0.01〜0.15%
Zaif	5通貨	taker：-0.01% maker：-0.05%
bitbank	6通貨	0%

（2018年1月現在）

第2章 ● 仮想通貨の取引口座を開設しよう

Section 14

販売所と取引所の違いを知る

▶ Keyword ◀
仮想通貨販売所
仮想通貨取引所

仮想通貨の売買を行う場所として、販売所と取引所の2種類があります。販売所と取引所のしくみを理解し、さらに「儲ける」ためにはどちらがよいのかを、しっかりとおさえましょう。

 仮想通貨販売所のしくみ

　まず、仮想通貨「取引所」といっても、その内容は販売所と取引所の両方が用意されていることがほとんどです。仮想通貨販売所では、**顧客と業者の間で仮想通貨の売買を行います**。業者とは、bitFlyer、Zaifといった仮想通貨を取り扱っている業者のことです。例えば、「1ビットコインを買いたい」と申し出て、Aという業者が「では、70万4,000円で売るよ」というしくみです。

　メリットは、常に業者がレートを提示してくれているので、買いたいときに必ず買え、売りたいときに必ず売れるという点です。特に、数量に関わらず安定して取引を行うことができる点から、大口の注文を行いたい場合は有利に働くことがあります。

　一方のデメリットは、**手数料が高い**ということです。さらに、いくらで売買するかは業者の言い値なので、理論上はマーケットのレートと乖離した、不利なレートで約定（取引の成立）させることも可能です。

◀ 仮想通貨販売所では、いつでも買いたい数量を買うことができる点がメリットです。業者が提示する購入価格と売却価格がはっきり明示されており、この価格に基き売買取引を行います（画像はbitFlyerのビットコイン販売所）。

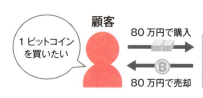

◀ 販売所では、顧客と販売所の間の1対1の関係で売買が成立します。

仮想通貨取引所のしくみ

　一方の仮想通貨取引所では、**顧客どうしで仮想通貨の売買を行い、業者はその仲介を行います**。顧客どうしの注文情報（板情報）を見て、売買を行うことができます。注意が必要なのは、仮想通貨全体を取りしきる取引所があるわけではなく、あくまでそれぞれの仮想通貨取扱業者の中での顧客どうしの注文を成立させるという点です。

　メリットは、顧客の注文（板）が見られるので、透明性の高い取引ができる点です。また、買い手と売り手が多くいれば**取引をマッチできる機会が増え、結果として販売所よりもお得なレートで取引をすることが可能**になります。

　デメリットは、流動性がない場合には、売買が行えないことです。さらに各取引所の性質から、仮想通貨業者によっては板が薄く、マーケットよりかなり乖離したレートで約定することもあります。特に大口の注文をした場合に、板が薄いとそのようなことが起こる可能性が高くなります（マーケットレートから数十％乖離して約定してしまうこともあります）。

◀ 仮想通貨取引所では、売買数量によって価格が異なる点が特徴です。例えば1ビットコインを買っても、すべて同一価格で購入できるわけではありません（画像はbitFlyerのビットコイン取引所）。

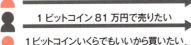

◀ 取引所は、顧客どうしの注文の仲介を行う場所です。流動性の観点から、取引量の多い取引所を選ぶことが大切です。

「儲ける」にはどちらがよい？

　仮想通貨投資で儲ける鉄則は、**取引コストをおさえる**ことです。そうすると、手数料が割高な販売所よりも、取引所で行う方が有利な場合が多いです。さらにその取引所も多くの取引量があり、流動性がある取引所を選ぶことが重要です。また、一度に大口の注文をするようなケースでは、販売所で行うほうが有利になるケースもあります。

第2章 ● 仮想通貨の取引口座を開設しよう

各取引所の特徴を知る

▶ Keyword ◀
手数料
取引仮想通貨数

ビットコインをはじめとする仮想通貨を取り扱う取引所は、国内に複数存在します。数ある取引所には、それぞれ異なる強みがあります。それぞれの特徴をおさえて、自分に合った取引所を選びましょう。

 bitFlyer

　国内最大手の取引所です。GMOやSBIインベストメント、三菱UFJキャピタルなどの大企業の株主から出資を受けており、資本が潤沢な点が特徴です。また、海外展開も視野に入れアメリカで取引許可を取り、これから本格的にグローバルな活躍を目指している仮想通貨取引所です。

bitFlyer
URL https://bitflyer.jp/

◀ 有名タレントを起用したテレビCMを積極的に展開しており、業界を牽引するリーディングカンパニーです。

---

column　本書ではbitFlyerで解説

bitFlyerは、資本金40億を超える、国内最大手のビットコイン取引所です。基盤がしっかりしている会社であるため、はじめに開設して取引を行うのに適した取引所であるといえます。本書では、アカウント開設から売買取引などをbitFlyerを使って解説していきます。

Zaif

　Zaifは、ほかの仮想通貨取引所と比較して手数料が安い点が特徴です。特に、maker手数料が期間限定でなんとマイナス0.05%です。取引をすればするほど逆に手数料がもらえるサービスを行っています。

Zaif
URL https://zaif.jp/

◀ 手数料のマイナスサービスが好評で、取引コストをおさえたい方には特におすすめの取引所です。

bitbank

　ビットコイン以外にも豊富な仮想通貨を取り扱っています。特に国内外でもなかなか取り扱いの少ないモナコインを、低い手数料で取引することが可能です。さらに、送金時などに二段階認証とSMS認証の両方を設定することができるので、より強固なセキュリティを構築できます。

bitbank
URL https://bitbank.cc/

◀ ビットコイン以外の仮想通貨を取引したい方に向いています。特に日本発のモナコインは今後の値上りも期待されているので、いち早く保有したい方におすすめです。

第2章 ● 仮想通貨の取引口座を開設しよう

Section 16

bitFlyerのアカウントを作成する

▶ Keyword ◀
アカウント作成
メールアドレス

それでは、早速bitFlyerのアカウントを作成してみましょう。アカウントを作るのは、とてもかんたんです。費用も一切かかりません。

Ⓑ メールアドレスを登録する

1 Webブラウザーで「https://bitflyer.jp」にアクセスし、＜無料アカウント作成＞をクリックします。

2「アカウント作成」画面が表示されます。メールアドレスを入力し❶、＜無料でアカウント作成＞をクリックします❷。

---

column　Facebook、Yahoo! ID、Googleアカウントで登録する

メールアドレスの入力ではなく、FacebookやYahoo! ID、Googleのアカウントを利用したアカウントの作成もできます。手順**2**の画面でそれぞれのアカウントでの作成ボタンをクリックして、ログインしましょう。なお、その場合は各サービスに登録しているメールアドレスに、手順**3**のメールが送信されます。

3 手順**2**で入力したメールアドレス宛に、「bitFlyer アカウント登録確認メール」という見出しのメールが送られます。キーワードを確認し❶、記載されているURLをクリックします❷。

4 メールに記載されているキーワードを入力し❶、＜アカウント作成＞をクリックします❷。

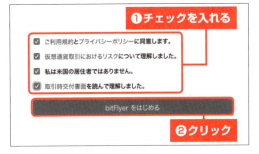

5 チェック項目にチェックを入れて❶、＜bitFlyer をはじめる＞をクリックします❷。

column　ウォレットクラスのアカウント作成が完了する

ここまでで作成されたアカウントは、「ウォレットクラス」と呼ばれるアカウントです。ウォレットクラスは、主に外部のウォレットと bitFlyer アカウントとの間で、ビットコインなどの仮想通貨を預け入れたり送付したりできるアカウントクラスです。ほかの取引所で保有しているビットコインを移したり、スマートフォンアプリを利用して、実際に支払いに利用することができます。取引はしたくないけどウォレットを使いたいという方は、このクラスのアカウントで十分です。そのほか、日本円の入出金や、ビットコインの先物取引、bitWire（β）（P.160参照）も利用が可能です。基本的には次ページからの操作で、すべてのサービスを利用できる「トレードクラス」への変更を行います。

第2章　仮想通貨の取引口座を開設しよう

第2章 ● 仮想通貨の取引口座を開設しよう

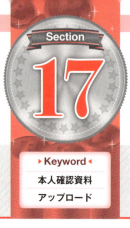

Section 17 本人情報登録を行う

▶ Keyword ◀
本人確認資料
アップロード

ここまでで、アカウントの作成が完了しました。次に、本人情報登録を行います。本人確認書類はホームページ上でアップロードすることで完了するので、かんたんに行うことができます。

本人情報を登録する

1 P.45 手順 **5** のアカウント作成後、左の画面が表示されるので、＜まずは取引時確認の入力からはじめる＞をクリックします。

2 「姓名」や「性別」「生年月日」「住所」「電話番号」など必要事項を入力し❶、＜登録情報を確認する＞をクリックします❷。

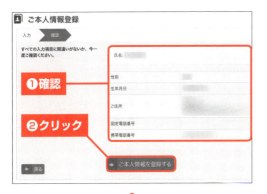

3 「ご本人情報登録」画面が表示されます。入力した項目に間違いがないかを確認し❶、問題がなければ＜ご本人情報を登録する＞をクリックします❷。

4 本人情報登録が完了しました。＜続けて本人確認資料を提出する＞をクリックします。

 本人確認資料を提出する

1 ＜書類の種類を選択する＞をクリックして、提出する書類を選択します❶（ここでは、例として運転免許証で解説します）。＜ご本人確認資料を提出する＞をクリックします❷。

2 「表面」と「裏面」の運転免許証の画像をアップロードします。画像は、文字がしっかりと認識できるようにスマートフォンなどで撮影したものにしましょう。

3 ＜ご本人確認資料を提出する＞をクリックします。

4 これで、本人確認書類の送付が終了しました。＜続けて、取引目的等を確認する＞をクリックします。

column 入力した住所宛に「転送不要書留郵便」が送付される

P.46 手順 **2** で入力した住所宛へ、数日後、本人確認のために「転送不要書留郵便」のハガキが送付されます。この書留郵便を受け取ることで、本人確認が完了となります。受取は日本郵便の配達者からサインと引き換えに直接受け取る書留郵便となっています。この書留郵便を受け取らなかった場合は取引が停止するなどの措置がされるので、必ず受け取りましょう。なお、不在時に配達された場合は不在票が投函されるので、再配達をしてもらいましょう。

▶ このハガキを受け取ることで、本人確認の完了となります。

取引目的などを入力する

1 P.48 手順4のあと、「お客様の取引目的等のご確認」画面が表示されます。『「外国の重要な公人」について』や職業、取引の目的など、必要な情報を入力します。

2 必要事項の入力が完了したら、＜入力する＞をクリックします。

3 登録が完了しました。＜続けて銀行口座情報を登録する＞をクリックして、次へ進みましょう。

第2章 ● 仮想通貨の取引口座を開設しよう

Section 18 銀行口座登録を行う

▶ Keyword ◀
銀行口座
トレードクラス

次に、銀行口座登録を行います。登録はインターネット上で行えます。この手続きを完了するとアカウントのクラスがトレードクラスにアップグレードされ、できることが広がります。

B 銀行口座を登録する

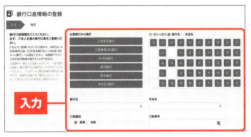

1. P.49手順3のあと、「銀行口座情報の登録」画面が表示されます。「銀行名」「支店名」「口座種別」「口座番号」「銀行口座名義」などを入力します。

2. ＜登録情報を確認する＞をクリックします。

3. 入力内容が表示されるので確認し、問題がなければ＜銀行口座情報を登録する＞をクリックします。

4 銀行の登録が完了しました。<ホームに戻る>をクリックします。

5 取引時確認の入力はこれですべて完了しました。✕をクリックします。

6 ログイン後の画面がウォレットクラスから、すべてのサービスが利用できるトレードクラスに変更されています。

column 銀行口座の承認が必要

銀行口座を登録したあとに、bitFlyerから「銀行口座が承認されました」という件名のメールが来れば、無事銀行口座の登録が完了です。通常メールは1時間以内には届くので、もし届かないようであれば、入力内容に誤りがある場合があります。その後の不備を知らせるメールを待つか、それでも解決しない場合はログイン後の画面の<FAQ／お問合わせ>から問合せを行いましょう。

第2章 仮想通貨の取引口座を開設しよう

第2章 ● 仮想通貨の取引口座を開設しよう

Section 19 二段階認証を設定する

▶ Keyword ◀
二段階認証
暗証番号

仮想通貨で重要なのは、セキュリティの強化です。二段階認証の設定はかんたんに行うことができます。「やっておけばよかった」と後悔する前に、必ず設定しておくことをおすすめします。

二段階認証を設定する

1 ログイン後のホーム画面で、＜二段階認証＞をクリックします。

2 ＜二段階認証設定を変更する＞をクリックします。

3 登録メールアドレスに6桁の二段階認証用確認コードが送信されるので、コードを確認します。

4 設定画面に確認コードを入力し❶、＜次へ＞をクリックします❷。

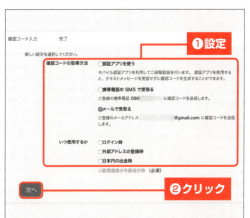

5 「確認コードの取得方法」と「いつ使用するか」を設定し❶、＜次へ＞をクリックします❷。ここでは取得方法として、「メールで受取る」を選択します。

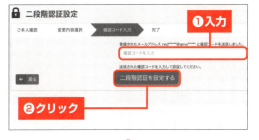

6 手順**5**で設定した方法で送られてきたコードを確認して入力し❶、＜二段階認証を設定する＞をクリックします❷。

7 二段階認証の設定が完了しました。引き続き暗証番号を設定しましょう。

暗証番号を設定する

　二段階認証の設定を更新するときには、セキュリティ向上のために暗証番号（4桁）の入力が必要ですので設定しておきましょう。暗証番号はそのほか、仮想通貨を外部のウォレットに送付する場合（P.89参照）にも入力が必要になります。

 ログイン後のホーム画面で、＜設定＞をクリックします。

② ＜セキュリティ設定＞をクリックします。

 ＜暗証番号を設定する＞をクリックします。

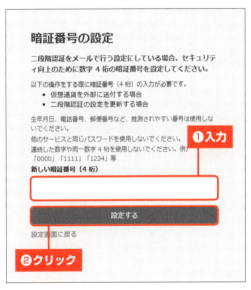

 4桁の暗証番号を入力し❶、＜設定する＞をクリックします❷。生年月日、電話番号、郵便番号など、推測されやすい番号や、ほかのサービスと同じパスワードは使用しないようにしましょう。

 暗証番号の設定が完了します。

B 二段階認証でログインする

1 bitFlyer のログイン画面で、＜ログイン＞をクリックします。「ログイン」画面でメールアドレスとパスワードを入力し、＜ログイン＞をクリックします❷。

2 ＜確認コードを送信する＞をクリックします。

3 登録メールアドレスに確認コードが送られてきます。コードを入力し、＜確認＞をクリックします❷。

4 ログインが完了し、ホーム画面が表示されます。

bitFlyerで仮想通貨を売買取引しよう

- Section 20　取引前に手数料を確認する
- Section 21　アカウントに日本円を通常入金する
- Section 22　アカウントに日本円をクイック入金する
- Section 23　販売所でビットコイン・アルトコインを購入する
- Section 24　販売所でビットコイン・アルトコインを売却する
- Section 25　取引所でビットコインを購入する
- Section 26　取引所でビットコインを売却する
- Section 27　スマートフォンで売買取引する
- Section 28　クレジットカードでビットコイン・イーサ（イーサリアム）を購入する
- Section 29　アカウントから日本円を出金する
- Section 30　購入後のセキュリティに注意する
- Section 31　ウォレットに仮想通貨を保管する

第3章 ● bitFlyerで仮想通貨を売買取引しよう

取引前に手数料を確認する

▶ Keyword ◀
入出金手数料
売買手数料

bitFlyerで仮想通貨を売買取引する際、最初におさえておくことは手数料です。口座開設にかかる費用や、販売所と取引所で異なる手数料を把握することで、より有利な投資を行うことができます。

入出金や送金にかかる手数料

　bitFlyerで仮想通貨を取引する際にかかる手数料は、日本円の入出金の手数料、ビットコインの送付手数料、アカウントの作成や維持にかかる費用、そしてビットコインの売買手数料、アルトコインの売買手数料などが挙げられます。ここでは最初に、仮想通貨の入出金と送金、アカウント関連の手数料について見ていきましょう。

　まず、日本円の入出金の手数料は、クイック入金と銀行振込とで異なります。クイック入金の手数料が1件あたり324円かかるのに対し、銀行振込手数料は各銀行所定の手数料がかかります。また、ビットコイン送付手数料は0.0008BTC（1BTC120万円とすると、約960円）がかかります。

　これらのことを踏まえると、**入出金や送金は複数回に分けず、なるべく一度にまとめて行う**ことが、手数料を最小限におさえて賢くビットコイン投資をするコツといえます。

　なお、bitFlyerのアカウント作成にかかる費用は無料です。さらに、アカウントの維持手数料も無料となっています。

■ 仮想通貨取引にかかる各手数料（税込）

日本円の入出金	クイック入金の場合：324円 銀行振込の場合：各銀行所定の手数料
ビットコインの送付	0.0008BTC（例：1BTC120万円の場合960円）
bitFlyerアカウント作成	無料
bitFlyerアカウント維持	無料

（2018年1月現在）

ビットコイン売買にかかる手数料

次に、ビットコインの売買手数料について見ていきます。bitFlyerでの売買の方法には、①ビットコイン簡単取引所、②Lightning現物、③ビットコイン販売所、④Lightning FX/Futuresの4種類があります。①ビットコイン簡単取引所、②Lightning現物では、直近30日の取引量に応じて手数量が変化します。0.15%から0.01%までの間で、取引量が多ければ多いほど手数料が割安になります。一方、**手数料が無料**なのが③ビットコイン販売所、④Lightning FX/Futuresです。2018年1月現在は無料ですが、今後有料になる可能性もあります。また、これらの売買手数料のほかに、買値と売値の間のスプレッド（価格差）も売買コストとして注意する必要があります。

■ ビットコイン売買にかかる各手数料（税込）

ビットコイン簡単取引所	直近30日の取引量に応じて異なる
Lightning 現物	直近30日の取引量に応じて異なる
ビットコイン販売所	無料
Lightning FX/Futures	無料

（2018年1月現在）

アルトコイン売買にかかる手数料

最後に、アルトコインの売買手数料です。イーサ（イーサリアム）、イーサ（イーサリアム・クラシック）、ライトコイン、ビットコインキャッシュ、モナコインなどのアルトコインの売買手数料は、Lightning現物と各販売所によって手数料が異なります。

まず、Lightning現物の場合は現在手数料が0.2%です。そして、各販売所の場合は手数料は無料です。ただし、アルトコインの場合は買値と売値の差（スプレッド）が大きいので注意が必要です。例えば、イーサ（イーサリアム）を販売所で購入する場合、6%程度のスプレッドがかかります。

◀ このスプレッドの場合、100万円分買ってすぐ売ると6%（1万円分）近く損をしてしまいます。

第3章 ● bitFlyerで仮想通貨を売買取引しよう

Section 21 アカウントに日本円を通常入金する

▶ Keyword ◀
通常入金
銀行振込

bitFlyerで仮想通貨の売買取引をするにあたり、まずはアカウントに日本円を入金することが必要です。さまざまな入金方法がありますが、はじめに、銀行振込による通常入金の方法を解説します。

アカウントに日本円を入金する

　bitFlyerで仮想通貨の売買取引を行うには、第2章で作成した自分のアカウントに入金をする必要があります。仮想通貨の売買取引は、アカウントへ入金した額をもとに行います。アカウントへの入金方法は、①銀行振込による**通常入金**、②ネットバンクやコンビニ支払いによる**クイック入金**の2通りがあります。ここでは①の通常入金の方法を解説します。

専用口座に銀行振込する通常入金

　通常入金では、各ユーザーに割り当てられた専用の振込先口座（お客様専用口座）へ、登録した自分名義の口座から振り込むことで入金が完了します。入金が反映されるまでの時間は、振込先の銀行によって異なります。三井住友銀行の場合、銀行の営業時間内に入金作業を行えば、その日のうちに反映されます（翌日扱いの入金の場合は、翌銀行営業日の午前9時以降に処理が行われます）。また、住信SBIネット銀行の場合は、原則として土日も入金が行われます。

　銀行振込にかかる手数料は、各自が負担することになります。なお、入金は1円以上から可能となり、上限はありません。

> **column** 振込元の銀行口座に注意
>
> 銀行振込をする場合、必ず登録した自分名義の口座から振り込む必要があります。それ以外の口座から振り込むと入金元が不明となり、アカウントに反映されません。万が一、誤って登録していない銀行口座から入金してしまった場合は、「https://bitflyer.jp/ex/ContactPage?id=4&mode=deposit_request」にアクセスして、bitFlyerに問合せをしてみましょう。

❯❯ アカウントに入金する銀行口座を確認する

1 ログイン後のホーム画面の左側のメニューから、＜入出金＞をクリックします。

2 入出金の一覧が表示されるので＜日本円ご入金＞をクリックします。

3 三井住友銀行と住信SBIネット銀行の振込先口座を、それぞれ確認することができます。いずれかの口座に、登録した自分名義の銀行口座から振り込みましょう。

第3章 ● bitFlyerで仮想通貨を売買取引しよう

Section 22 アカウントに日本円をクイック入金する

▶ Keyword ◀
クイック入金
ネットバンク支払い

日本円の入金は、銀行振込以外にもネットバンクやコンビニでも可能です。特にネットバンクでの入金は土日や深夜でもアカウントに反映されるため、すぐに取引を行いたいときに便利です。

B すぐに入金が反映されるクイック入金

　銀行の営業時間のみ入金が反映される通常の日本円の入金に対し、クイック入金では**24時間、365日**入金ができ、**すぐにアカウントに反映**されます。クイック入金はインターネットバンキング（以下ネットバンク）で支払う方法とコンビニで支払う方法の2通りがあり、どちらも1件あたり**324円(税込)の手数料**が発生します。

≫ ネットバンクでクイック入金する

1 ログイン後のホーム画面の左側のメニューから、＜入出金＞をクリックし❶、＜クイック入金＞をクリックします❷。

2 入金したい金額を入力し❶、＜インターネットバンキングで入金する＞をクリックします❷（なお、じぶん銀行、住信SBI銀行ネット銀行から入金を行う場合は、＜じぶん銀行、住信SBIネット銀行から入金する＞をクリックします）。

3 「商品明細」と「ご注文内容」にある入金額と手数料 324 円の合計金額を確認し、＜同意して次へ＞をクリックします。

4 「お支払い方法の選択」画面が表示されるので、＜次に進む＞をクリックします。

5 「金融機関の選択」画面が表示されます。入金に利用するネットバンクの銀行名を選択し❶、＜次に進む＞をクリックします❷。

column クイック入金での 1 回の取扱金額

クイック入金での 1 回の取扱金額は、ネットバンクの場合は 1 円以上、コンビニからの場合は 1 円〜 30 万円までとなっています。

6 「お支払い内容の確認」画面が表示されます。「お支払い方法」「お客様情報」「ご注文内容」を確認し、＜次に進む＞をクリックします。

7 ここからは、利用する各銀行別の画面が表示されるので、画面の指示に従って操作を行いましょう。三井住友銀行の場合は、＜SMBC ダイレクトログイン＞をクリックします。

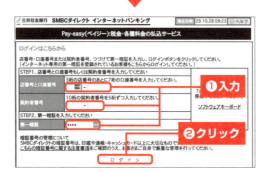

8 店番号と口座番号、契約者番号、第一暗証を入力し❶、＜ログイン＞をクリックして❷、振込の手続きを行いましょう。

◈ コンビニ支払いでクイック入金する

1 P.62 手順**2**の画面で、入金したい金額を入力し**①**、＜コンビニから入金する＞をクリックします**②**。

2 支払い先のコンビニを選択する画面が表示されます。ここでは、＜ローソン＞をクリックします。

3 ローソンの情報端末での支払い方法が表示されます。お客様番号や確認番号を控え、コンビニ店頭で支払いましょう。

---

column　クイック入金の場合は7日間資産移転に制限がある

クイック入金でアカウントへ入金した金額分は、セキュリティの問題で7日間、資産の移転（日本円の出金や仮想通貨の送付、bitWire（β）の利用、「ビットコインをつかう」のサービスの利用）ができないといった制限があります。なお、仮想通貨の売買取引は可能です。

第3章 ● bitFlyerで仮想通貨を売買取引しよう

Section 23 販売所でビットコイン・アルトコインを購入する

▶ Keyword ◀
販売所
購入

アカウントに入金が完了したら、早速ビットコインやアルトコインを購入してみましょう。bitFlyerの販売所を利用すれば、誰でもかんたんに仮想通貨を購入することができます。手数料は無料です。

販売所で仮想通貨を購入する

bitFlyerには、ビットコインの売買ができる「ビットコイン販売所」と、イーサ（イーサリアム）やライトコインなどビットコイン以外の5種類の仮想通貨が購入できる「アルトコイン販売所」の2種類の販売所があります。

≫ ビットコイン販売所でビットコインを購入する

1 ログイン後のホーム画面の左側のメニューから、＜ビットコイン販売所＞をクリックします。

2 購入するビットコインの数量を入力します（＜＋0.1＞や＜＋0.01＞などを複数クリックすることでも入力できます）。

66

3 「日本円参考総額」(現在のレートで何円かという目安)を確認し❶、問題がなければ<コインを買う>をクリックします❷。

4 注文画面が表示されるので、6秒以内に<注文実行>をクリックします(6秒以内にクリックしなかった場合、注文は不成立となります)。

---

column 販売所で通貨を購入するメリット・デメリット

販売所で仮想通貨を購入する場合は、取引所での購入と比較してスプレッド(買値と売値の差)がかなり広く、割高になるというデメリットがあることを知っておきましょう。それに対して販売所のメリットは、割高ではあるものの、いつでも必ず購入できるという点にあります。慣れるまでは販売所で取引を行い、慣れてきたら取引所で取引を行うことをおすすめします。

◎アルトコイン販売所でアルトコインを購入する

　bitFlyerのアルトコイン販売所では、イーサ（イーサリアム）、イーサ（イーサリアム・クラシック）、ライトコイン、ビットコインキャッシュ、モナコインの5種類のアルトコインを購入することが可能です。これらのアルトコインはbitFlyerの取引所では取り扱っていないため、bitFlyerで入手するにはこちらのアルトコイン販売所から購入する必要があります。なお、売買手数料は無料です（2018年1月現在）。

1 ログイン後のホーム画面の左側のメニューから、＜アルトコイン販売所＞をクリックします。

2 購入するアルトコインの種類をクリックします。ここでは、＜イーサ（イーサリアム）＞をクリックします。

3 購入するアルトコインの数量を入力します（＜+5＞や＜+1＞などを複数クリックすることでも入力できます）。

4 「日本円参考総額」を確認し❶、問題がなければ＜コインを買う＞をクリックします❷。

5 注文画面が表示されるので、6秒以内に＜注文実行＞をクリックします（6秒以内にクリックしなかった場合、注文は不成立となります）。

column 購入した通貨を確認する

仮想通貨の購入履歴は、ログイン後のホーム画面下部にある「注文履歴」から確認することができます。また、ホーム画面ではアカウント内にある日本円と仮想通貨それぞれの資産状況を確認することも可能です（以下の画面参照）。

◀ ログイン後のホーム画面で資産状況が確認できます。

第3章 ● bitFlyerで仮想通貨を売買取引しよう

Section 24

販売所でビットコイン・アルトコインを売却する

▶ Keyword ◀
販売所
売却

購入した仮想通貨が値上がったら、売却をしましょう。bitFlyerの販売所では、購入した仮想通貨をいつでも気軽に売却することが可能です。手数料は無料です。

B 販売所で仮想通貨を売却する

販売所では、ビットコインやアルトコインを売ることができます。取引所で購入（Sec.25参照）した通貨も、販売所で売却が可能です。

≫ ビットコイン販売所でビットコインを売却する

1 ビットコインの売却の場合、ログイン後のホーム画面の左側のメニューから、＜ビットコイン販売所＞をクリックし❶、売却するビットコインの数量を入力します❷（＜+0.1＞や＜+0.01＞などを複数クリックすることでも入力できます）。

2 「日本円参考総額」を確認し❶、問題がなければ＜コインを売る＞をクリックします❷。

70

3 注文画面が表示されるので、6秒以内に＜注文実行＞をクリックします（6秒以内にクリックしなかった場合、注文は不成立となります）。

≫ アルトコイン販売所でアルトコインを売却する

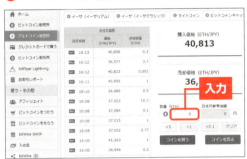

1 アルトコインの売却の場合、P.68手順3の画面で、売却するビットコインの数量を入力します（＜+0.1＞や＜+0.01＞などを複数クリックすることでも入力できます）。

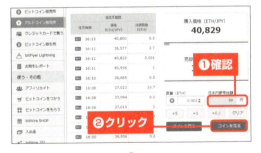

2 「日本円参考総額」を確認し❶、問題がなければ＜コインを売る＞をクリックします❷。

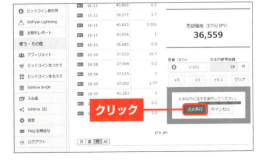

3 注文画面が表示されるので、6秒以内に＜注文実行＞をクリックします（6秒以内にクリックしなかった場合、注文は不成立となります）。

第3章 ● bitFlyerで仮想通貨を売買取引しよう

取引所でビットコインを購入する

▶ Keyword ◀
取引所
購入

販売所のほかに、bitFlyerでは取引所でビットコインを購入することができます。取引所（簡単取引所）を利用すれば、販売所よりも有利なレートでビットコインを購入することが可能です。

取引所でビットコインを購入する

　取引所（簡単取引所）でビットコインを購入するメリットは、なんといっても取引コストです。業者と個人間の取引である販売所と異なり、取引参加者どうしで取引を行うので、より有利なレートで売買が行えます。手数料は直近30日の取引量によって変動します（例えば10万円未満の場合は0.15％）。なお、bitFlyerの簡単取引所では、アルトコインは取り扱っておりません。アルトコインの取引はアルトコイン販売所（P.68、P.71参照）か、bitFlyer Lightning（ビットコイン／イーサ（イーサリアム）の売買取引）で行うことができます。

≫ ビットコイン取引所でビットコインを購入する

1 ログイン後のホーム画面の左側のメニューから、＜ビットコイン取引所＞をクリックします。

2 購入するビットコインの数量を入力します（＜＋0.1＞や＜＋0.01＞などを複数クリックすることでも入力できます）。

3 ＜コインを買う＞をクリックします。

4 「日本円参考総額」を確認し❶、問題がなければ＜注文を実行する＞をクリックします❷。

5 注文が完了すると、「注文履歴」の「ステータス」の項目に「完了」と表示されます。

第3章 ● bitFlyerで仮想通貨を売買取引しよう

Section 26 取引所でビットコインを売却する

▶ Keyword ◀
取引所
売却

購入したビットコインは、取引所(簡単取引所)で売却できます。取引所では参加者間で取引を行うので、買いたい人に直接売却できます。購入価格よりも高い価格で売却すれば、利益となります。

取引所でビットコインを売却する

購入した額よりもビットコインが値上がりしたときなど、取引所でビットコインを売却して利益を確定しましょう。販売所で購入したビットコインも、取引所で売却することができます。なお、取引手数料は直近30日間の取引量により0.01～0.15%の間で算出されます。

ビットコイン取引所でビットコインを売却する

1 ログイン後のホーム画面の左側のメニューから、＜ビットコイン取引所＞をクリックします。

2 売却するビットコインの数量を入力します（＜+0.1＞や＜+0.01＞などを複数クリックすることでも入力できます）。

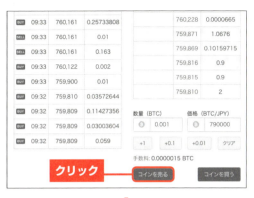

3 ＜コインを売る＞をクリックします。

4 「日本円参考総額」を確認し❶、問題がなければ＜注文を実行する＞をクリックします❷。

第3章 bitFlyerで仮想通貨を売買取引しよう

売買

column bitFlyer Lightning で売買取引をする

bitFlyerでは、上記で解説した簡単取引所のほかに、「bitFlyer Lightning（ビットフライヤーライトニング）」という取引所のツールがあります。bitFlyer Lightningでは、ビットコインの現物はもちろん、FXや先物取引も可能です。さらに高機能チャートも利用できるので、中級者以上のトレーダーに人気です。本書では、Sec.48で紹介しています。

「bitFlyer Lightning」
URL https://lightning.bitflyer.jp/trade

75

スマートフォンで売買取引する

▶ Keyword ◀
スマートフォン
売買取引

bitFlyerでは、スマートフォンから仮想通貨の売買ができます。あらかじめ「bitFlyer」アプリをインストールしておきましょう。ここでは、iPhoneを例に紹介しますが、Androidもほぼ同様です。

スマートフォンで仮想通貨を売買取引する

「bitFlyer」のスマートフォンアプリでは、販売所や取引所をパソコンと同じように利用できます。ビットコインだけでなく、取り扱っているアルトコインのすべてが売買の対象になります。

▶ 販売所で仮想通貨を売買する

1 iPhoneのホーム画面で、＜bitFlyer＞をタップし、アプリを起動します。

2 「Eメール」と「パスワード」を入力し❶、＜ログイン＞をタップします❷。

3 二段階認証を設定している場合は、認証コードを入力します。

4 ＜販売所＞をタップし❶、売買したい仮想通貨（ここでは＜ビットコイン＞）をタップします❷。

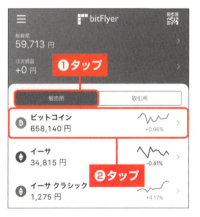

5 購入したい数量を入力し❶、＜Done＞をタップします❷。

6 ＜買う＞または＜売る＞をタップします。

column　販売所のチャートを確認する

手順5の画面で、右方向へスワイプすると、販売所での1時間、1日、1週間、1ヶ月、1年での価格チャートが確認できます。左にスワイプすると、元の画面に戻ります。

7 注文内容を確認し、＜注文確定する＞をタップします。

8 注文が実行されます。＜完了＞をタップします。

9 ホーム画面で、＜総資産＞をタップします。

10 購入している仮想通貨の量が確認できます。

◆ 取引所でビットコインを売買する

1 P.77 手順4の画面で＜取引所＞をタップし①、＜BTC/JPY＞をタップします②。

2 購入したい数量を入力し①、＜Done＞をタップします。＜売る＞または＜買う＞をタップします②。

3 注文内容を確認し、＜注文確定する＞をタップします。

4 注文が実行されます。＜完了＞をタップします。

---

column　取引所のチャートを確認する

手順2の画面で、右方向へスワイプすると、取引所での1時間、1日、1週間、1ヶ月、1年での価格チャートが確認できます。左にスワイプすると、元の画面に戻ります。

Section 28

クレジットカードでビットコイン・イーサ(イーサリアム)を購入する

第3章 ● bitFlyerで仮想通貨を売買取引しよう

▶ Keyword ◀
クレジットカード
購入

bitFlyerでは、クレジットカードを使ってビットコイン、イーサ(イーサリアム)を購入することができます。また、購入日をあらかじめ設定しておくことで、定期購入をすることも可能です。

 クレジットカードで仮想通貨を購入する

　クレジットカードでの仮想通貨の購入は、**24時間、365日**いつでも可能です。VISAとMastercardに対応し、一度につき1,000円～100万円まで購入できます。レートはカード決済時のものに基き、また、手数料は指定した金額に含まれ別途発生はしませんが、**10%前後が差し引かれる**形になります。なお、利用するには、本人確認資料の提出(Sec.17参照)、銀行口座情報の確認(Sec.18参照)、IDセルフィー(下記column参照)の提出が必要になります。

クレジットカードで今すぐ購入する

1 ホーム画面で<クレジットカードで買う>をクリックし❶、<今すぐ購入>をクリックします❷。「購入する通貨」で<BTC>(ビットコイン)または<ETH>(イーサ(イーサリアム))を選択します❸。金額を入力し❹、<購入内容確認画面に進む>をクリックします❺。

column　IDセルフィーとは

IDセルフィーとは、自分の顔と本人確認資料が一緒に写っている写真をアップロードして提出し、承認されることをいいます。

2 カード番号、カード有効期限、セキュリティコードを入力し❶、<決済する>をクリックします❷。2回目からは、この手順は省略され、表示される<ワンクリックで購入する>をクリックします。

≫ クレジットカードで定期購入する

1 クレジットカードで定期購入を行う場合は、P.80 手順1の画面で、<定期購入>をクリックし❶、<クレジットカード情報を登録する>をクリックします❷。

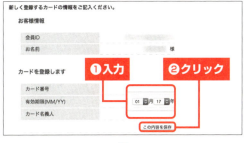

2 カード番号、有効期限、セキュリティコードを入力し❶、<この内容を保存>→<戻る>をクリックします❷。2回目からは、この画面は表示されず、この手順は省略されます。

3 購入する通貨、購入金額、購入日を入力し❶、<定期購入を登録する>をクリックします❷。

アカウントから日本円を出金する

▶ Keyword ◀
出金
出金手数料

bitFlyerのアカウントにある日本円は、自分の銀行口座に移すことが可能です。仮想通貨を売却した日本円などを手元に戻すときなどは、出金の手続きを行いましょう。

🅱 日本円を出金する

　bitFlyerのアカウントにある日本円は、自分の銀行口座に出金することができます。出金手数料は銀行、出金額により異なります。あまり細々と何回かに分けて出金するよりも、まとめて出金したほうが、手数料はかかりません。午前11時30分までに出金依頼した場合は当日（銀行営業日）中、それ以降の場合は翌銀行営業日までに出金されます。

■ 出金手数料（税込）

	3万円未満	3万円以上
三井住友銀行	216円	432円
その他の銀行	540円	756円

≫ 日本円を出金する

1 ログイン後のホーム画面の左側のメニューから、＜入出金＞をクリックします。

2 ＜日本円ご出金＞をクリックします。

3 「お客様口座情報」にある＜この銀行口座にご出金＞をクリックします。

4 出金額を入力して❶、＜日本円を出金する（取消不可）＞をクリックします❷。

---

column 二段階認証を設定する

日本円に出金時に二段階認証の設定をすることにより、セキュリティを強化することが可能です。P.53 手順 **5** の画面で、「日本円の出金時」にチェックを入れましょう。

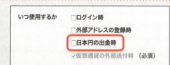

第3章 ● bitFlyerで仮想通貨を売買取引しよう

Section 30 購入後のセキュリティに注意する

▶ Keyword ◀
通知メール
パスワード変更

仮想通貨は取り扱いに注意が必要です。例えば第三者に知らないアドレスに送られてしまったら、二度と取り返すことができません。第三者に不正操作をされないように、セキュリティを強化しましょう。

セキュリティを強化する

　bitFlyerは強固なセキュリティ体制で運営されていますが、ユーザーが各自で行えるセキュリティ対策は、しっかりと行いましょう。ここで紹介する設定に加え、2章のSec.19で解説した二段階認証は、必ず設定するようにしましょう。

ログイン時の通知メールをオンにする

　ログイン時の通知メールをオンにすることにより、第三者が不正なログインを行った場合に気づくことができます。

1 ログイン後のホーム画面の左側のメニューから、<設定>をクリックします。

2 <セキュリティ設定>をクリックし❶、「ログイン通知メールを送る」のチェックボックスをオンにします❷。

3 「毎回のログイン時に通知メールを送ります。」と表示されれば、設定は完了です。

≫ パスワードを変更する

bitFlyerへログインを行う際に利用するパスワードは、定期的に変更するようにしましょう。

1 P.84手順2の画面で＜パスワード変更＞をクリックし❶、「現在のパスワード」と2箇所の「新しいパスワード」を入力し❷、＜パスワード変更＞をクリックします❸。

2 「パスワードを変更しました。」と表示されれば、パスワードの変更が完了です。

ウォレットに仮想通貨を保管する

▶ Keyword ◀
ウォレット
保管

bitFlyerで購入した仮想通貨は、別のウォレットに移して保管することができます。このセクションでは、bitFlyerで購入した仮想通貨を別のウォレットに移動して保管する方法を紹介します。

ウォレットに保管してセキュリティを高める

ウォレットとは、仮想通貨を保管する財布、口座のことです。購入した仮想通貨はそのままbitFlyerに保管する方も多いですが、より**安全性を求めるなら自分のウォレットに保管**しましょう。過去にも、マウントゴックスという世界最大手の取引所から顧客のビットコインが流出してしまったケースがあり、自分の資産は自分で守ることが基本となります。

ウォレットには主にスマートフォン、デスクトップ、ハードウェアの3つのタイプがあり、それぞれ用途に応じて使い分けます。自分で管理する場合は、「復元パスフレーズ」を忘れると二度と引き出すことができなくなるので、細心の注意が必要です。

■ 主なウォレットの特徴

	保管者	セキュリティ	利便性（支払いなど）
取引所（bitFlyer）	取引所	中	中
スマートフォンウォレット	自分	中	高
デスクトップウォレット	自分	中	中
ハードウェアウォレット	自分	高	低

スマートフォンウォレット

　スマートフォンウォレットとは、iPhoneやAndroid上のアプリとして動作するウォレットのことです。QRコードが利用できる点や、スマートフォンのアプリなので持ち運びができるため、実店舗での利用にも便利です。ただし、オフライン環境のウォレットとして使用する場合を除いてセキュリティ面では不安があるため、あまりに多額のビットコインの管理にはおすすめしません。

　有名なスマートフォンウォレットの1つに、「breadwallet」（ブレッドウォレット）があります。breadwalletは、端末上にのみ秘密鍵を保管するタイプでセキュリティが高く、さらにシンプルで分かりやすいので初心者にもおすすめです。なお、breadwalletではビットコインの通貨単位にBTCではなく、bits(b)が使われており、1bits=1μBTC=0.000001BTCになります。

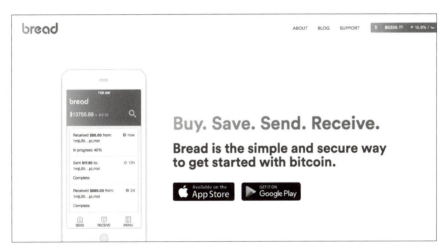

「breadwallet」
URL https://breadapp.com

デスクトップウォレット

　デスクトップのウォレットで特におすすめなのが、Windows、Mac、LinuxのOSに対応している「Electrum」（エレクトラム）です。軽量型の多機能クライアントで、ブロックチェーンをすべてダウンロードする必要がないため、インストール後すぐに使用することが可能です。オフライン環境で取引を行える「コールドストレージ」機能をはじめ、ウォレット機能が豊富なのが特徴です。また日本語対応されているため、安心して使用できます。

Electrumを利用するには、Electrumの公式サイト（https://electrum.org/）にアクセスし、サイト右上の「Download」をクリックします。各種OSに対応するクライアントのダウンロードリンクが表示されるので、そこからダウンロードしてください。なお、Windows版の場合、Standalone Executable(スタンドアローン版、非インストール版)、Windows Installer(インストール版)などがあります。

「Electrum」
URL https://electrum.org/

ハードウェアウォレット

　最後に紹介するのが、専用の端末にビットコインを保管する方法です。基本的には長期的な保管に向いています。オフライン環境下で保存することが可能であるため、不正なアクセスによって流出するおそれもなく、もっともセキュリティ性に優れています。パソコンやスマートフォンに接続すればかんたんに使用でき、バックアップをとっておけば、端末が故障してもビットコインを紛失することはありません。デメリットは、本体価格が高額で操作がやや面倒なことです。

　ハードウェアウォレットとして特に有名なのが、「TREZOR」（トレザー）です。こちらはAmazonで購入することも可能です。

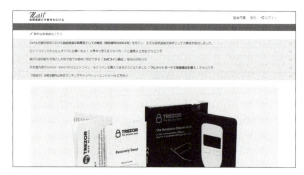

「TREZOR」
URL https://zaif.jp/trezor

ビットコインを外部ウォレットに保管する

　bitFlyerのアカウントにあるビットコインは、アドレスを指定することで自分のウォレットへ保管したり、友人のウォレットに移動させたりすることなどができます。あらかじめウォレットを準備し、設定を完了しておきましょう。なお、breadwalletの設定についてはP.102で解説を行っているので、参照してください。ビットコインの送付手数料は、0.0008 BTCです（bitWire（β）を除く）。

1 ログイン後のホーム画面の左側のメニューから、＜入出金＞をクリックします。

2 ＜BTCご送付＞をクリックします。

3 外部ウォレットの＜ビットコインアドレス＞と＜ラベル＞（例えば「自分のウォレット1」などの名前を任意で入力）を入力し❶、＜追加する＞をクリックします❷。なおビットコインアドレスは、本書で紹介しているウォレットアプリbreadwallet（P.102参照）の場合、アプリ起動後のメイン画面を右にスワイプすると、自分の受取用アドレスを表示させることができます。

4 「送付数量」を入力します。

5 「優先度」を選択します。優先度とは送金処理の優先度のことで、追加の手数料を支払うことにより優先して出金処理をしてもらえます。右の「日本円参考総額」で手数料が日本円でいくらくらいなのかを確認しましょう。

6 「暗証番号」（P.54参照）を入力し❶、＜ビットコインを外部アドレスに送付する（取消不可）＞をクリックします❷。

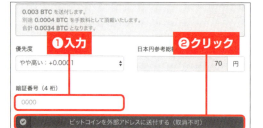

column　ウォレットに保管したビットコインを利用する

ここではbitFlyerのウォレットから、外部のウォレットへの出金方法を紹介しましたが、本書ではスマートフォンウォレットから外部のウォレットへの送金方法を、第4章Sec.37で紹介しています。なお、本書執筆時現在（2018年1月）、ビットコインの価格の上昇によりブロックチェーンが大渋滞しており、取引（トランジザクション）の詰まりが生じています。このため、今までであれば数十分程度で送金できた取引も、数時間、数日かかるようになり、また迅速に送金を行うためには高額な送金手数料が必要な状態となっています。

第4章

ビットコインをお金として使ってみよう

- Section 32　ビットコイン支払いのメリット・デメリットを知る
- Section 33　ビットコインで買い物できる店を知る
- Section 34　ビットコインと日本円、どちらの支払いが得か？
- Section 35　実店舗でビットコイン支払いをする
- Section 36　オンラインショップでビットコイン支払いをする
- Section 37　ビットコインを送金する

第4章 ● ビットコインをお金として使ってみよう

Section 32 ビットコイン支払いの メリット・デメリットを知る

▶ Keyword ◀
ポータビリティ
価格変動

ビットコインでの支払いには仮想通貨ならではのメリットもありますが、その裏では中央銀行の信託がないため、デメリットもあります。ビットコインの特性をうまく活かして利用しましょう。

メリットはポータビリティと海外での利便性

スマートフォンアプリがお財布になる利便性

　ビットコインのメリットは、なんといってもそのポータビリティ（携帯性）です。スマートフォンにウォレットアプリ（Sec.31参照）をインストールすれば、財布がなくてもお金を持ち運ぶことができます。ウォレットアプリではスマートフォン本体を紛失しても、復元パスフレーズさえあれば復元が可能です。今後、こういった仮想通貨が普及してくれば、現金を持ち歩かないのが当たり前となるかもしれません。

◀ お店への支払いのほか、友人への送金などもすべてウォレットアプリから行うことができます。

海外での利用に便利

　また、海外での利用のしやすさもメリットとして挙げられます。現在、海外旅行先の現地でお金を支払うためには、現地の通貨に両替を行う必要があります。この場合、銀行や両替業者で両替を行うのが一般的ですが、手数料が高く、また帰国後に日本円に戻す場合はさらにそこでも手数料がかかってしまい、大変不便です。その点、ビットコインはどの法定通貨にも属さない通貨です。今後普及してくれば、海外旅行で外貨に両替する必要がなくなります。ビットコインウォレットがインストールされているスマートフォンを持っていくだけで、決済が可能となるからです。

デメリットは価格変動の大きさや流出の可能性

価格変動が大きい

　一方、デメリットはビットコイン価格の変動率の大きさです。ビットコインは価格が安定せず、大きく変動してしまう点が実用化を阻害しています。実際に2017年にも、下記のように何度も大きな下落を経験しています。

■ ビットコインの過去の下落率

2017年1月5日　　152,232円	2017年1月12日　　114,760円	7日で約25%下落
2017年9月2日　　566,350円	2017年9月14日　　304,860円	12日で約46%下落
2017年12月7日　2,298,580円	2017年12月9日　1,465,000円	2日で約36%下落

▲ わずか数日で30〜40%近く価値が下落することがままあります。

支払いに使うことにより流出のおそれがある

　ビットコインをはじめとする仮想通貨は、自己管理が鉄則です。スマートフォンのウォレットアプリにビットコインを保管している場合、復元パスフレーズやスマートフォン端末自体を紛失してしまうと、ウォレット内のビットコインは二度と戻って来ないおそれがあります。さらに、送金先アドレスを誤って送ってしまったら、二度と取り戻すことはできません。また、取引所がハッキングされる危険性もあります。自身のウォレットに保管せず、取引所に預ける状態にしていた場合、取引所がハッキングされ大量のビットコインが流出してしまったら取り戻すことができません。さらに、ウォレットに大金を保管しておくことで、強盗に狙われる危険性もあります。実際、日本でも2017年にビットコインの強盗未遂事件が発生しました。東京都港区のホテルの一室でナイフのようなものを見せながらビットコインを出すよう要求し、男性のスマートフォンを操作して1億円相当のビットコインを送金させようとしました。他人にウォレットを操作されて送金してしまったら、二度と取り返せません。特に今後、ビットコインが普及してパソコンに不慣れな層（60代、70代）が増えてくると危険です。ATMを使った振り込め詐欺が社会問題となっているなか、ビットコインなどの仮想通貨が普及してくると、さらに犯罪のケースが多様化して、被害が深刻になるおそれがあります。

第4章 ● ビットコインをお金として使ってみよう

Section 33
ビットコインで買い物できる店を知る

▶ Keyword ◀
実店舗
オンラインショップ

ビットコインの普及に伴い、ビットコインで支払いができるお店も増えてきました。その業種も多種多様で、オンラインショップはもちろん、実店舗でも多くのお店がビットコインを導入しています。

実店舗やオンラインショップで支払いが可能

所有しているビットコインは、実店舗やオンラインショップでの支払いなどに利用できます。

ビックカメラ

◀ 家電量販店のビックカメラでは、すべての実店舗とオンラインショップ「ビックカメラ.com」でビットコインが利用できます。上限は1会計につき30万円分相当（「ビックカメラ.com」は10万円相当）までとなり、bitFlyerの決済システムを導入しています。

メガネスーパー

◀ メガネ、コンタクトレンズなどの販売を行う全国チェーン店のメガネスーパーでも、ビットコイン支払いを開始しました。メガネスーパー全店舗（334店舗）でビットコインでの支払いが可能です。

❯❯ H.I.S.

◀ 旅行代理店のH.I.S.（エイチ・アイ・エス）でも、都内9拠点38店舗でビットコインの取り扱いが可能です。国内旅行や海外旅行の代金をビットコインで支払うことが可能となりました。

❯❯ ピーチ・アビエーション

◀ ANAホールディングス子会社で格安航空会社（LCC）のピーチ・アビエーションは、国内航空会社ではじめて、ビットコインで航空券を購入できるようにすることを発表しました。仮想通貨取引所のBITPOINTと共同で、決済システムを導入します。また、航空券以外にもピーチが就航する北海道、東北、沖縄の空港のカウンターにビットコインATMを設置して、かんたんにビットコインから現金へ両替できるようにするという計画もあります。

ここで紹介したのは、ビットコインを支払いに利用できる店舗やサービスのごく一部です。このほかにも、ビットコインで支払いのできるお店は多数あります。

■ ビットコイン支払いができるお店・サービス（一部）

LIBERALA（輸入中古車専門店）	全国24店舗で利用可能
聘珍樓（中華料理）	全国10店舗で利用可能
トミヨシミュージックスクール（音楽教室）	一部教室で利用可能
CAMPFIRE（クラウドファンディングサイト）	プロジェクト支援で利用可能
Amaten（電子ギフト券売買サイト）	アカウントへチャージが可能

第4章 ● ビットコインをお金として使ってみよう

Section 34 ビットコインと日本円、どちらの支払いが得か？

▶ Keyword ◀
決済タイミング
レート算出方法

ビットコインと日本円では、どちらの支払いがお得でしょうか。ビットコイン支払いの具体的なタイミングやレートの算出方法を知ることで、よりお得に支払いの使い分けをすることができます。

決済のタイミングは「商品の注文時」

　ビットコインで料金を支払うとき、決済するタイミングは「商品の注文時」です。例えば、オンラインショップのビックカメラ.comの場合、ビットコインの支払いレートは、「注文を確定する」ボタンをクリックしたタイミングとなります。長期的な見通しを除けば、ビットコイン価格は大きく上下に変動します。

　そこで、ここ数日ビットコイン価格が大きく上昇している場合には、保有ビットコインの円に対する価値が上昇しているのでビットコイン払いをする方が有利となります。一方一時的に大きく下落している場合は、円換算で大きく価値が減っているので、ビットコインは使わず円払いの方が有利となります。この考え方は、ドルと円の関係にも似ています。ドルが円に対して大きく上昇（ドル高円安）している場合より、大きく下落（ドル安円高）している場合のほうが、海外旅行でお得にドル払いをすることができます。

　また、これに加えて長期的な見通しで判断する方法もあります。長期的にビットコインが上昇すると見た場合、今はビットコインを使わない方が、価値が上昇するのでお得であるといえるでしょう。

■ 変動するビットコインの価格によって有利か不利かが変わる

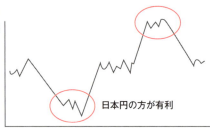

◀ ビットコインでの決済時を基準に、どちらが得かを考えましょう。

B レートの算出方法

次に、具体的なビットコインのレートの算出方法はどうなっているのでしょうか。この点について、例えばビックカメラなどbitFlyerの決済システムを使用する場合は、「bitFlyerの売却レート」をもとに算出しています。この「bitFlyerの売却レート」とは、bitFlyerのビットコイン販売所（Sec.23、24参照）での販売価格を指します。販売所は一般的に取引所よりも買値と売値の差（スプレッド）が広く、取引には不利となります。ですので、購入したばかりのビットコインをすぐに決済で利用すると、このスプレッド分だけ不利になってしまいます。

■ ビットコイン／円のレートは採用決済システムによる

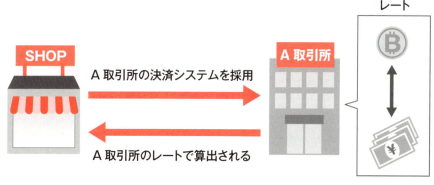

▲ 支払い時のレートは、採用している決済システムの仮想通貨取引所にあるビットコイン販売所での売却価格となっているのが一般的です。

---

column　ビットコインは今後、価値貯蔵手段となる？

2017年12月、ビットコインの送金時間と送金手数料の増加が問題となりました。未承認取引で20万件を超える「詰まり」が発生し、送金してもなかなか届かないという事態に陥ったのです。これによりbitFlyerなどの取引所では、2017年12月に送金手数料の値上げを断行しました。それでも送金までに数時間かかってしまい、送金を早めるためにはさらに高額の送金手数料を支払う必要があります。その結果、送金手数料は銀行の手数料よりも高くなり、低価格で送金できるというビットコインのメリットが完全に形骸化されてしまいました。この状況を解決するため、現在のビットコインのブロックチェーンとは別に支払いのレイヤーを構築する構想もありますが、実現はまだ先です。
伝統的な通貨には「物差し（尺度）」「貯蔵」「交換」の3つの役割があるといわれています。ビットコインは「交換」という役割を果たせず、金と同様に「物差し」「貯蔵」という役割に終始するのか、それとも実用化に向けて大きく変革するのか、今後の動向に注目です。

第4章 ● ビットコインをお金として使ってみよう

Section 35 実店舗でビットコイン支払いをする

▶ Keyword ◀
実店舗
ウォレット

ビットコイン決済をいち早く導入しているビックカメラで、筆者が実際に家電製品を購入してみました。円で買うよりもかんたんに、思ったよりも気軽に購入することができます。

B 実店舗でビットコイン支払いをする

　ここでは、ビックカメラでビットコインを使い、家電製品を買ってみました。ビックカメラは全店舗でビットコイン支払いを導入しており、店員にお話を伺ったところ、最近はビットコイン支払いをする外国人観光客が特に増えているとのことでした。ビックカメラでは、bitFlyerの決済システムを利用しているため、bitFlyerのウォレットを使用すると、もっともスムーズに決済が完了します。

1 レジに商品を持っていき、店員にビットコインで支払う旨を伝えます。

2 お店側の端末に、ビットコインでの支払い金額の画面が表示されます。

3 自分のスマートフォンのウォレットアプリを起動し、送金用の画面を表示して、QRコードに近づけます。

4 支払金額の画面が表示されるので、＜支払う＞をタップします。

5 支払いが完了しました。＜OK＞をタップします。

6 お店の画面にも、支払い完了画面が表示されます。最後に通常の買い物と同様に、レシートを受け取ります。

　このように、なんら通常の買い物と変わらず、トラブルもなく購入ができました。今後、給料もビットコインで支払われ（一部の企業では導入しはじめました）、ビットコインがさらに普及してビットコイン支払いのお店が増えると、日本円を使う場面がなくなってくるかもしれません。

第4章 ● ビットコインをお金として使ってみよう

Section 36

オンラインショップで ビットコイン支払いをする

▶ Keyword ◀
オンラインショップ
ウォレット

実店舗だけではなく、オンラインショップでもビットコイン決済を導入しています。ビットコイン支払いは、クレジットカードの登録などを行う必要がなく、すばやく安全に買い物ができます。

オンラインショップでビットコイン支払いをする

　オンラインショップでも、ビットコインによる支払いが可能です。今回は大手オンラインショップのDMM.comで商品を購入する手順を紹介します。Amazonや楽天市場もビットコイン払いの導入を検討中では？　と報道されており、実現すれば一気に普及する可能性があります。今後ビットコインだけではなく、ライトコインやモナコイン（すでに一部店舗では導入済み）など、多様な通貨を導入することで、仮想通貨のエコシステムはさらに広がりを持っていくことでしょう。

1 アカウントにログインしている状態でDMM（https://www.dmm.com/）にアクセスし、ほしい商品を選択して＜購入手続きへ＞をクリックします。

2 ＜ポイント＞をクリックし❶、＜ポイントをチャージする＞をクリックします❷。

3 「その他支払い方法の選択」にある＜ビットコイン＞をクリックします。

4 チャージ額を入力し❶、＜次へ＞をクリックします❷。

5 チャージ額を確認し❶、＜入金を申し込む＞をクリックします❷。

6 ＜ビットコインで支払う＞をクリックします。

7 送金用のQRコードが表示されるので、自分のウォレットを起動させて、QRコードを読み込みます。

8 支払い金額を確認して、ウォレットからビットコインを送金します。あとは画面の指示に従って、商品の購入手続きを行いましょう。

第4章 ● ビットコインをお金として使ってみよう

Section 37 ビットコインを送金する

▶ Keyword ◀
スマホウォレット
breadwallet

送信先のビットコインアドレスやQRコードさえわかれば、いつでもどこからでもビットコインを送金することが可能です。ビットコインは国境を超えても、国内と同じ手数料で送金できます。

breadwalletでビットコインを送金する

　ビットコインを送金するためには、まずは自分でウォレットを用意する必要があります。現在、国内の主要取引所でもウォレットを用意していますが、これらのウォレットはあくまでも取引所が管理しており、取引所がハッキングされると保有しているビットコインを失う可能性があります。そこで今回は、自分で管理するスマートフォンウォレットとして人気の高い「breadwallet」を紹介します。あらかじめアプリをインストールし、入金しておきましょう。breadwalletへの入金方法は、P.89をご参考ください。なお、ここでは、iPhone（iOS）を例に解説しますが、Android版でも手順は同様です。

≫ breadwalletを設定する

1 ホーム画面で＜ Bread ＞をタップします。

2 ＜新規ウォレットを作成＞をタップします。

3 PINコードを設定します。6桁の数字を2回入力します。

4 ＜紙の鍵を書き留めてください＞をタップします。

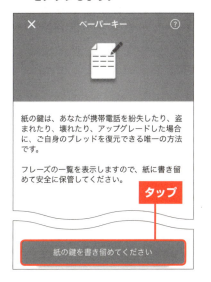

5 ひらがなのフレーズが表示されるので紙にメモを取り❶、＜次へ＞をタップします❷。これが12回繰り返されます。

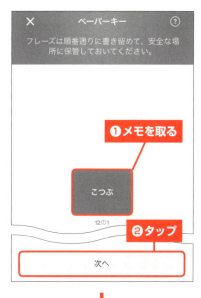

6 きちんとメモが取られたかを確認するため、フレーズの入力を行い❶、＜提出＞をタップします❷。これで初期設定が完了します。

▶▶ breadwalletで送金する

1 ホーム画面で＜ Bread ＞をタップしてアプリを起動し、＜送金する＞をタップします。

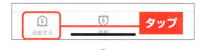

2 送金先アドレスをコピー＆ペーストして入力する場合は＜貼り付け＞、QR コードを読み取る場合は＜スキャン＞をタップします。

3 金額欄をタップして、送金額を入力します。

4 ＜ネットワーク手数料＞をタップして❶、＜レギュラー＞または＜エコノミー＞のどちらかをタップします❷。

5 コメントを入れる場合は＜メモ＞をタップして入力し❶、最後に＜送金する＞をタップして送金します❷。

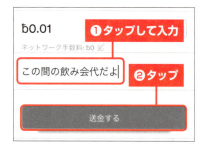

---

column　アルトコインの送金は可能？

アルトコインもビットコインと同様に、対応しているウォレットであれば送金が可能です。ただ、マイナーなアルトコインになればなるほど、使えるウォレットが少ないのが現状です。そこで、おすすめなのが「Coinomi」という Android スマートフォンで利用できるアプリです（iOS も今後対応予定）。「Coinomi」では、多くのアルトコインをサポートしており、入出金や送金に利用できます。また、日本発のモナコインでは、Askmona という掲示板上で送金を行ったり、Tipmona という Twitter アカウントを通じて、気軽に Twitter 上で送金を行うことも可能です。ただ、セキュリティという観点ではこれらのウォレットに多額の資金を保管しておくのは避けましょう。

第5章

仮想通貨に投資をしよう

- Section 38　値上がり益を狙い売買する
- Section 39　長期取引で儲けを出す
- Section 40　短期取引で儲けを出す
- Section 41　証拠金取引でリターンを大きくする
- Section 42　取引所の価格差で儲けを出す
- Section 43　仮想通貨を分散投資してポートフォリオを作成する
- Section 44　マイ売買ルールを決めておく
- Section 45　板情報の見方を知る
- Section 46　買い時・売り時のタイミングを知る
- Section 47　数回に分けて売買する

Section 38 値上がり益を狙い売買する

▶ Keyword ◀
需給関係
少額取引

仮想通貨の取引で利益を上げるには、安く買って高く売ることが基本です。現在100万円を超え「高くて手が出ない」といわれるビットコインですが、実は少額からも取引を開始することが可能です。

投資の基本は値上がりを狙う

　投資の基本は「安く買って、高く売る」です。100円で買って200円で売れば100円の利益が生まれます。ビットコインや仮想通貨の価格は、「買いたい」という人と「売りたい」という人との関係で、常に変動しています。例えばリンゴが1個100円で売られている場合、リンゴを買いたいという人が増えればリンゴの価格は上昇します。一方、リンゴを売りたい人が多くなれば、リンゴの価格は下落していきます。

　ビットコインも同様です。ビットコインを買いたいという人が増えれば増えるほどビットコインの価格は上昇していきます。安く買って、高くなったタイミングで売れば、基本的には利益を上げることができます。

■ 値上がり益狙いは投資の基本

100円で購入　　200円で売却　　100円の利益

◀「安く買って高く売る」という経済の基本は、投資の基本でもあります。

❯❯ ビットコインは高すぎる？

　現在1BTCは100万円を超えています（2018年1月）。そのため、「ビットコインを買いたいが高すぎて買えない」という人がいます。しかし、ほとんどの仮想通貨取引所では、1BTCに満たない数量、例えば1,200円（0.001BTC）からでもビットコインを購入できます（P.26参照）。今後10倍になれば1万2,000円、100倍になれば12万円となります。少額からはじめて大きな値上がりを期待できるのも、仮想通貨投資の魅力です。

FXにはない魅力

以前から人気のある金融商品として、FX（外国為替証拠金取引）があります。FXは、ドル円やユーロ円などの通貨ペアをレバレッジをかけて売買する投資です。FX取引高の上位5社が日本の会社で、全世界取引高の70％をしめるほど日本で人気のある金融商品ですが、仮想通貨の台頭により、多くの人がFXから仮想通貨投資へ流れています。その最大の魅力は、なんといっても値動きの大きさ（ボラティリティ）にあります。これが大きければ大きいほど、利益を得るチャンスがあります。1日に20％や30％は当たり前で、仮想通貨によっては2倍、3倍になることも珍しくありません。ビットコインも2017年の1月は10万円前後でしたが同年12月には200万円を超えており、1年で20倍になっていることになります。100万円投資していれば2,000万円になっていたのです。さらにレバレッジ（Sec.41参照）がかけられる取引所が多く、大手取引所のbitFlyerでも最大15倍のレバレッジがかけられます。15倍のレバレッジをかけて100万円を投資していれば、年末には3億円になっていたということです。

FX…値上がり率は大きくない（2017年の高値108.606円〜安値107.287円）
仮想通貨…20％や30％、場合によれば2倍3倍の値上がり率がある

値上がり率ランキング

主要仮想通貨の2017年からの値上がり率を下記にまとめました。仮想通貨の基軸通貨であるビットコインは20倍近くの値上がりをしていますが、そのほかのアルトコインも、軒並みものすごい値上がりを見せています。特にモナコインは560倍近く値上がりしており、2017年初頭に1万円購入していれば568万円になっていました。このように一攫千金のハイリターンが狙える点が、仮想通貨投資の最大の魅力です。次の暴騰する仮想通貨を狙って、日夜仮想通貨トレーダーが目を光らせています。

■ **主要仮想通貨の値上がり率**

仮想通貨名	2017年1月1日	2017年12月17日	倍率
ビットコイン	114,760円	2,229,990円	19.43倍
イーサ（イーサリアム）	930円	80,349円	86.39倍
ネム	0.3875円	79.5347円	205.25倍
モナコイン	2.6927円	1,530円	568.36倍

▲ 参照：https://coinmarketcap.com （2017年12月のレートで算出）

第5章 ● 仮想通貨に投資をしよう

長期取引で儲けを出す

▶Keyword◀
長期保有
積立投資

仮想通貨は歴史上、上昇を続けており、長期取引を行うことでその上昇の利益を享受できます。もし過去に購入していて長期保有していたら、大きな利益を上げることができていたのです。

長期取引で値上がり益をしっかり享受する

　長期取引とは、仮想通貨を買って長期間保有していることです。期間はさまざまで、数ヶ月の場合もあれば数年、数十年のケースもあります。

≫ 長期取引のメリット・デメリット

　長期取引のメリットは、なんといっても値上がり益をしっかり享受できる点です。特にビットコインをはじめとする仮想通貨は、歴史的に見ると大きな右肩上がりとなっています。ビットコインが出はじめたころに所有し、そのままずっと持ち続けていれば、大きく儲けることができました。実際に仮想通貨で億万長者になった人は、長期保有しているケースがほとんどです。

　また長期取引の場合、日々の値動きに惑わされない点も魅力です。ビットコインは値動きが大きく、その都度値動きに翻弄されていると、精神的に疲れてしまう人もいるかもしれません。さらに、値動きがある度に取引を行い、かえって損をしてしまうというケースもあります。「長期的に見て上昇する」と考えていても、細かい値動きで取引をし、結果、大きな損失になってしまう方が多くいるのが仮想通貨の世界です。多少の値動きに動じることなく、ジッと構えることができる点が長期投資のメリットです。

3年間、そのままにしてみよう

◀ 長期保有の最大のメリットは、値上がり益をしっかりと享受できることです。

一方のデメリットは、つねに仮想通貨を持ち続けている状態になるので、気にしないと考えていてもついついレートをチェックしてしまうなど、仮想通貨のことが頭から離れなくなってしまう点です。また、その通貨の見通しが誤っていた場合、大きく下落し最悪の場合は無価値になってしまう点もデメリットといえます。

過去に長期取引していたらどうなる？

　下記のように、約3年前から仮想通貨に投資をしていれば、途中の増減はあったとしても、大きな利益を享受することができています。仮想通貨の場合、投資期間が長ければ長いほど利益が大きいというデータが出ています。今後、仮想通貨が10倍、100倍になるのに備えて長期投資をはじめる方も多くいます。

■ 投資額100万円で約3年間保有していたら？

● ビットコインの場合
2015年1月1日　1BTC 3万5,548円
2017年12月17日　1BTC 222万3,972円
→ 6,256万円（約62.56倍）

● モナコインの場合
2015年1月1日　1MONA 3.1円
2017年12月17日　1MONA 1,530円
→ 4億9,354万円（約493.54倍）

積立投資で定期的に一定額を貯めていく

　bitFlyer、Zaifなど一部の仮想通貨取引所では、仮想通貨の**積立投資**のサービスをはじめています。積立投資とは、毎月決まった額を口座などから引き落とし、仮想通貨を買い増していくサービスです（P.33参照）。

　「ドルコスト平均法」という投資方法があります。投資金額を等分することで、一度に期間内の最高値で多く購入してしまうといったリスクを減少することが可能な投資方法です。価格が高いときは数量を少なく、安いときには多く購入することができます。長期的に上昇が見込まれる仮想通貨のような相場では、特に有効です。

　また自動で引き落とされるので、短期的な下落局面でも惑わされることなく、しっかり買いを入れられます。こういった買い方はプロでも難しいといわれていますが、自動引落の方法だからこそ素人でも可能です。それにより、相場に振り回される心配もありません。

第5章 ● 仮想通貨に投資をしよう

Section 40 短期取引で儲けを出す

▶Keyword◀
短期取引
リスクマネージメント

仮想通貨はその値動きの激しさから、短期取引も人気です。仮想通貨は24時間365日取引が可能なことから、土日や夜間でも多くの市場参加者が取引を行っています。

₿ 短期取引ですぐに利益を出す

短期取引とは、仮想通貨の売り買いを短い時間軸で行うことです。数秒から数分単位で売り買いを行うスキャルピング、数時間からその日のうちに手仕舞うデイトレード、数日で売り買いを行うスイングトレードといったトレード方法があります（P.32参照）。

❯❯ 短期取引のメリット・デメリット

短期取引のメリットは、すぐに結果が出るという点にあります。特にスキャルピングの場合、トレード次第では数分で利益を出せるので、投資をしている醍醐味を感じやすいです。また、購入した仮想通貨を常に保有しているわけではないので、常に保有し続けている長期取引と比較すると、リスクをある程度コントロールできます。

一方デメリットは、手数料がかさんでしまう点です。短期取引は短い時間で売買を繰り返すので、基本的には少ない値幅を目標に取引を行います。売買を繰り返すと、手数料が費用として重くのしかかってしまいます。

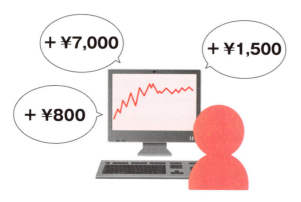

◀ 短期取引は、細かくコツコツと利益を上げていくことができます。手数料を考慮した上で行いましょう。

また販売所の場合、売値と買値の価格差（スプレッド）が大きいため、売買を短期で繰り返すと、利益を出すのが難しくなってしまいます。特にアルトコインの場合、価格差が大きくなりやすいので注意が必要です。

◀ bitFlyerのアルトコイン販売所の価格差はかなり大きいので、短期売買には向きません。

テクニカル分析をうまく利用する

　短期取引のコツは、テクニカル分析（Sec.54～57参照）を上手に利用することです。テクニカル分析とは、過去のレートの動きが表示されたチャートを使って、その後の値動きを予測することです。仮想通貨のマーケットにはまだ金融機関などのプロがほとんどいないため、動きに特徴があります。特に、どちらかに動いたとき（動意づく）に勢いが加速する傾向があります。その加速の度合いや、大きく売られたときの押し目（チャートの底辺であろうと思われる場所）のポイントなどをテクニカル分析を使って見極め、売買を行うことで、精度の高いトレードが可能です。

₿ 短期取引のリスクマネージメント

　短期取引で重要なのが、リスクマネージメント、つまりリスク管理です。相場では常に勝ち続けられる人はいません。プロのトレーダーと呼ばれる人でも、必ず負ける取引があります。こうしたときにしっかりとポジションをゼロの状態にできるかどうかが分かれ道です。見通しが間違っていたのに「戻るかもしれない」という淡い期待を持ち続けると、傷口が広がることが往々にしてあります。損失が広がって取り戻せないほどの損失を被り、市場から撤退せざるを得なくならないよう、十分に注意しましょう。

　リスク管理で特に有効なのが2%ルールです。資金の2%を損したら損切りを行うという手法です。相場の世界では予想外に何連続も負け続けることがありますが、この2%ルールを徹底することで、「まさか」の事態に備えたリスクマネージメントが可能となります。

第5章 ● 仮想通貨に投資をしよう

Section 41 証拠金取引でリターンを大きくする

▶Keyword◀
差金決済
レバレッジ

証拠金取引を利用することで、資金の何倍もの取引を行うことが可能です。リターンも大きくなりますが、その分リスクも大きくなるので、取引は慎重に行う必要があります。

手元の資金以上の取引ができる

証拠金取引とは、証拠金を仮想通貨取引所へ預け入れることで、証拠金以上の金額で行える取引のことをいいます。代表的なものに、FXや先物取引（P.31参照）があります。現物取引（P.30参照）では実際にビットコインを購入すると、そのビットコインは自分のものになりますが、証拠金取引で購入したビットコインは、自分のものにはなりません。証拠金取引は現物のビットコインを購入するのではなく、「ビットコインを買う権利」（FX）や「購入の契約」（先物取引）を購入する取引だからです。なお、証拠金取引は**差金決済**が採用されており、これは額面上の損益を受け取ることができるというものです。例えば1BTCを190万円で購入し、240万円になったときに売却することで、差額の50万円を受け取ることができます。

証拠金取引のメリット・デメリット

証拠金取引の最大のメリットは、「売り」から取引をスタートさせることができる点です。相場が下落すると思われるときでも、利益を得られることができます。また、**レバレッジ**を効かせた取引ができ、自身の資産以上の金額で売買ができるのも大きなメリットです。例えばレバレッジ15倍であれば資産の15倍の取引を行えるので、かなり大きなリターンが見込めます。よりハイリターンを目指したいという方に向いています。

■ 売りから取引がはじめられる

1BTC240万円で売却　　1BTC190万円で購入　　下落した50万円が利益に

◀ 差金決済のメリットは、下落局面でも儲けを出せるということです。

一方、デメリットはリスクが大きくなってしまうという点です。リターンが多い分、見通しと逆の方向に動くと損失も膨らみます。また、現物取引とは異なり、ロスカットという、ある程度損失が膨らむと強制的に決済されるしくみもあります（P.31column参照）。「大きく下落したけど結局大きく戻して、その後グングンと上昇していった」という場合でも、この下落でロスカットされてしまい、その後の上昇の利益を享受できないケースもあるので十分注意してください。そのほか、スワップポイントと呼ばれる手数料が1日ごとに発生することも考慮に入れましょう。

■ **ロスカットルールが適用される**

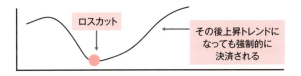

◀ ロスカットは投資家保護のために生まれたルールです。ロスカット後に価格が上昇しても、いったん強制的に決済することとなります。

■ **現物取引と証拠金取引の違い**

現物取引	売りからはできない	レバレッジが効かない	ロスカットなし
証拠金取引	売りからできる	レバレッジが可能（15倍など）	ロスカットあり

▲ 証拠金取引はレバレッジがかけられる分、ハイリスク・ハイリターンな取引が可能です。

≫ リスクマネージメントの方法

　証拠金取引の場合は、特にリスクマネージメントが重要となります。特にロスカットという性質上、多めに証拠金を入れておくことが重要です。急落に備えて、せいぜい5倍程度にレバレッジをおさえておくのがよいでしょう。

---

column　今後の仮想通貨の証拠金取引

仮想通貨も通貨である以上、FXと同様の歴史を踏襲するといわれています。1998年外為法の改正により個人がFXを行えるようになって以降、FX取引は活発化し、その当時レバレッジは200倍や400倍といった超高レバレッジでの取引が可能でした。しかし大きな損失から顧客を守る必要性が生じ、2010年にはレバレッジは50倍に規制され、2011年には最大25倍に規制されています。今後、仮想通貨がさらに盛り上がると同じようにレバレッジが規制されることが考えられます。実際、現在の荒い値動きの仮想通貨でレバレッジ15倍というのはFXと比較してもかなりリスキーな取引といえます。今後規制の動きが活発化し、レバレッジ規制（5倍や3倍など）がされることもありえます。そういった意味で、ハイリスク・ハイリターンで取引できるのは2018年、2019年が最後のチャンスかもしれません。

第5章 ● 仮想通貨に投資をしよう

Section 42 取引所の価格差で儲けを出す

▶ Keyword ◀
アービトラージ
複数口座

仮想通貨の取引所は国内外に多くありますが、同じ仮想通貨を扱っていても、それぞれ価格が異なります。ここでは、乖離する価格を利用して利益を得ることができる取引手法を紹介します。

取引所の価格差を利用して利益を出すアービトラージ

　アービトラージとは、金融商品で生じる価格の歪みを利用して利益を上げることをいい、日本語では裁定取引といいます。具体的にどのような取引かというと、取引所ごとに異なる購入価格や売却価格の価格差を利用して利益を上げるというものです。このアービトラージを使って、仮想通貨で利益を上げることができます。FXなどでも比較的よく使われている方法ですが、価格変動が大きいビットコインの場合、よりうまみがあるといわれています。

　例えばA取引所ではビットコインの販売価格が100万円、B取引所でビットコインの売却価格が120万円というケースがあったとします。その場合、A取引所で100万円で買って、購入したビットコインをB取引所に送金して120万円で売ることで、20万円の利益を得ることができます。ビットコインの場合、各取引所によって価格が異なることが常であり、その価格差を利用して利益を上げるというものです。

A取引所
販売価格　1,250,000 円
売却価格　1,240,000 円

B取引所
販売価格　1,280,000 円
売却価格　**1,270,000 円**

▲ この場合、A取引所で買って、B取引所で売れば利益（2万円）となります。

≫アービトラージの具体的な方法

具体的にビットコインのアービトラージは、下記の4つのステップで行われます。

■ アービトラージの流れ

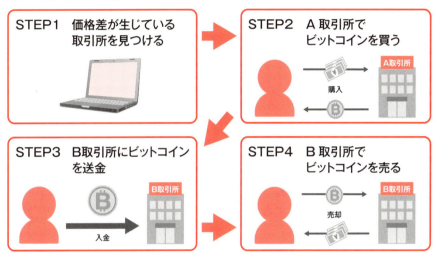

▲ 取引所の販売価格、売却価格の差を利用して利益を得る取引です。

　アービトラージのデメリットは、STEP3のビットコイン送金時に時間がかかり、その間に価格が変動してしまうことです。なお、アービトラージを行うためには複数の仮想通貨取引所の口座アカウントを開設しておくことが必要です。複数の口座を持つことは、リスク管理上も大切です。一つの取引所で障害などが生じたときでも、サブ口座で取引ができれば、リスクヘッジやチャンスを逃すことを避けられます。

column 今後はアービトラージが難しくなる？

米シカゴ・オプション取引所（CBOE）を運営するCBOEグローバルマーケッツの先物取引所が、2017年12月10日にビットコイン先物を上場しました。また、取引量が世界最大規模の先物取引所であるCME（シカゴマーカンタイル取引所）でも取引がはじまり、さらに2018年にはナスダックでも取引がはじまる見通しです。金融機関などのいわゆるプロがビットコイン取引を始めることで、流動性が高まりやすくなります。それにより今後、各取引所間での価格差は収斂していくと見られます。そうなるとアービトラージで大きく儲けるチャンスは少なくなっていきます。黎明期のFXも同じような状況で、アービトラージのチャンスが多くあり、大きな利益を手にした人がいます。アービトラージを行いたい場合は、先行者利益が何より重要です。

第5章 ● 仮想通貨に投資をしよう

Section 43 仮想通貨を分散投資してポートフォリオを作成する

▶ Keyword ◀
分散投資
ポートフォリオ

仮想通貨は、金融商品の中でも特異な存在です。投資において分散投資は鉄則ですが、仮想通貨の特性をしっかり踏まえてポートフォリオを作成することで、全体として優位性のある投資が可能になります。

分散投資でリスクを低減させる

一般的に投資では、**分散投資**が基本です。投資対象を分散させることでリスクを低減させるのが好ましいといわれています。一つの金融商品だけに投資をしていると、その商品の価値が大きく毀損した場合に、自身の資産が大きな痛手を負ってしまうからです。そのため、仮想通貨内でも複数の通貨に分散させたり、ジャンルの異なる金融商品に投資するのが望ましいでしょう。

≫ 仮想通貨でポートフォリオを作成する

複数の異なる金融商品の組み合わせやそのリストのことを**ポートフォリオ**といい、特に仮想通貨はほかの金融商品とは異なる特異な存在なので、その性質を考慮してポートフォリオを構築する必要があります。分散が好ましいからといってあまりに多くの仮想通貨を所有していると、その仮想通貨の現状把握や管理が大変になります。自分がフォローできる程度の通貨に投資するようにしましょう。また、その内訳にも注意が必要です。取引量の少ないアルトコインは少なめにし、反対に仮想通貨の基軸通貨であるビットコインを多めにするなどしておくと、もしものときにもリスクを低くおさえることが期待できます。

■ ポートフォリオ例

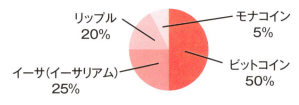

◀ 自分がその通貨に関する情報を追える程度の数にするとよいでしょう。

ポートフォリオサービスで管理する

　複数の仮想通貨取引所を利用し、複数の仮想通貨を所有していると、管理が大変になります。そのような場合は、ポートフォリオサービスを利用すると便利です。「Cryptofolio」は、仮想通貨の管理に特化したスマートフォンアプリです。所有通貨や利用取引所などを設定し、購入価格や所有量などを入力すると、円グラフなど、ひと目で所有通貨の現状が確認できるようになります。また、Webサービスの「Coinboard」は、アカウントを作成後、仮想通貨取引所のAPIを設定することで、自動でポートフォリオが作成され、確認することができます。どちらも日本人が開発したサービスなので、日本語で利用することができます。

Cryptofolio
URL https://cryptofolio.me/

Coinboard
URL https://coinboard.me/

column　仮想通貨を金融商品への投資の一つとする

仮想通貨はほかの金融商品と比べ、相関がほとんど見られないという明確な違いがあります。特にビットコインは主要通貨（G10の法定通貨）、コモディティ（金、原油、銅）、株式（S&P、Nikkei）との相関がほとんど見られません。例えばドル／円や株式が上昇しても、ビットコインはまったく違った動きをします。アメリカの雇用統計という為替の重要イベントでドル／円などが大きく変動しても、S&PやNikkeiが大きく下げても、ビットコインが上昇し続けるといった相場が何度もありました。相関が見られないということは、分散投資の対象として優れているといえます。資産の一部をビットコインをはじめとする仮想通貨に投資をすることは、今後の投資のスタンダードになるかもしれません。

第5章 ● 仮想通貨に投資をしよう

Section 44

マイ売買ルールを決めておく

▶ Keyword ◀
ポジションサイジング
リスクリワードレシオ

投資はお金が絡む以上、ときとして感情的になりがちです。こうしたことを防ぐためにも、自分自身の売買ルールを決めておくことは特に短期トレードで重要です。売買ルールの作成にはコツがあります。

売買ルールを決める重要性

「勝てる」トレーダーは、必ず自分の**売買ルール**を決めています。売買ルールがないトレーダーは、感情にまかせた取引を行い、資産を失うことにもなりかねません。投資は「ギャンブル」ではありません。正しい方法で正しいルールのもと行うことにより、ただの半丁博打から卒業することが可能です。

◎ 投資目標を立てる

まず大切なのが、**目標を立てる**ことです。目標を立てることで、取るべきリスクも変わってきます。目標なく投資をはじめる人は、リターンばかりを追い求めます。1回のトレードで何百%という高い利回りを求め、失敗をします。特に短期トレードの場合は、利益をコツコツと増やしていくことが資産を増やすコツです。月間2%など、現実的な目標を立てることで、日々のトレードに無理がなくなります。

```
仮想通貨投資　2018年の目標
    年間△％の利回り
         ＝
    資産○○○万円達成
```

◀ しっかりと数値を定めた目標を立てることで、日々の投資行動も明確になります。

◎ ポジションサイジングを知る

ポジションサイジングとは、1度の仮想通貨取引に使う資金をしっかりと管理することをいい、「ギャンブルと投資を分ける第一の条件」ともいわれています。自分の投資可能額を考慮せずに「チャンスだから」と全資金を使うことは危険です。多くのトレー

ダーがこれを無視して、市場から撤退しています。特にFXや先物取引の場合、レバレッジを効かせることができるため、大きな下落により一気に資産を失うことにもなりかねません。しっかりと投資可能額を決め、把握した上で取引を行いましょう。

　初心者ほど、実力を過信します。はじめてのトレードで利益を得たら「もっと大きな金額をかけておけばよかった。自分には投資のセンスがある」と思います。しかし勝負に「絶対」はありません。欲張ってポジションサイジングを無視した取引を行い、資産を一気に減らしてしまう初心者はとても多いです。また、最初の段階で大きく損失を被ると、増やすどころか、資産を元に戻すのだけでも大変困難となります。例えば、一度に資産の50％を減らすと、元に戻すだけで200％の投資リターンを得る必要があります。そうならないために、1回のトレードの損失許容額を決めておくことが重要です。

　伝統的な資金管理の方法が「2％ルール」です。これは、1回のトレードの損失を総資産の2％におさえるという方法です。例えば、100万円の資産であれば、1回のトレードの損失許容額は2万円までです。投資を行き当たりばったりのギャンブルにしないために、損失許容額を決定し、ポジションサイジングの徹底を図りましょう。

≫ リスクリワードレシオを意識する

　最後に大切なのは、リスクリワードレシオを意識することです。**リスクリワードレシオ**とは、リスク（損失）とリワード（利益）の比率のことです。100円利益を出せても、1万円の損失が出る可能性のあるトレードであれば、参戦するべきではありません。特に短期取引で9割以上の人間が負けてしまう理由として、「プロスペクト理論」が挙げられます。プロスペクト理論とは行動経済学の分野で、不確実性のもとにおける意思決定モデルの一つです。具体的にプロスペクト理論とは、A「無条件で80万円がもらえる」、B「85％の確率で100万円がもらえるが15％の確率で1円ももらえない」という問いに対し、多くの人がAを選択するのに対し、A「無条件で80万円を支払わなくてはいけない」、B「85％の確率で100万円を支払わなくてはいけないが、15％の確率で1円も支払わなくてよい」という問いになると、多くの人がBを選択するというものです。人間は同じ金額でも、利益より損失の方が「金額の重みを大きく」感じます。ですので、結果的に損失をするという行為を避けるために「利益確定を早く」「損失を引き伸ばす」という取引をしてしまいます。その結果、もっとも投資の世界ではよくないといわれている損大利小（「損失」＞「利益」）の取引を重ねて、資産を削っていきます。そうならないためにも、常にリスクリワードレシオを意識し、損切りをしっかりと行って損小利大の取引を行うことが大切です。

第5章 ● 仮想通貨に投資をしよう

Section 45

板情報の見方を知る

▶Keyword◀
板情報
価格優先の原則

取引所では顧客どうしが注文を直接ぶつけ合い、その内容は板情報として確認できます。板情報を適切に見ることは、取引の方向性を決める上で重要です。

板情報で現在の注文状況を把握する

仮想通貨取引所では、板情報を確認できます。**板情報**とは、「買い注文と売り注文がそれぞれどのくらい出ているか」がひと目でわかる画面です。左に売り数量と価格、右に買い数量と価格が並んでいます。顧客どうしの注文をぶつける取引所では、こういった注文をすべて確認することができます。なお、bitFlyerでは、ビットコイン取引所（Sec.25、26参照）とbitFlyer Lightning（Sec.48参照）で板情報が確認できます（取引されている価格はそれぞれ異なります）。

現在の価格はいくらなのか？

板の左に並んでいるのが**売り気配数（Ask板）**と呼ばれるもので、売りたい人が希望する数量です。また、右に並んでいるのが**買い気配数（Bid板）**で、こちらは買いたい人が希望する数量です。ここで現在今すぐに買うならいくらで買えるのか、または今すぐに売るならいくらで売れるのか？ ということがわかります。

 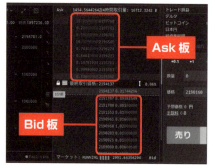

▲ ビットコイン取引所（写真左）、bitFlyer Lightning（写真右）のそれぞれで板情報が確認できます。

取引所では、買う場合は、より安い売りの価格を提示した人の注文から優先的に約定します。一方、売る場合は、より高い買いの価格を提示した人の注文から優先的に約定します。これを **価格優先の原則** といいます。具体的に下の画面の場合だと、買いたい場合はもっとも安い2,195,502円で買え、売りたい場合はもっとも高い2,194,137円で売ることができます。なお、この板に並んでいる注文は、すべて指値注文（Sec.50参照）です。

板の厚さをはかる

　板情報で板の厚さ（注文数の多さ）をはかることも、取引において重要です。取引所が販売所と違う点は、それぞれの価格には数量があるという点です。下の画像の場合、ビットコインを購入するときにもっとも安い2,195,502円で買うことができるのは0.136BTCだけで、それ以上買いたい場合は2,195,503円で買うことになります。例えば多くの数量の注文が2,100,000円に並んでいたら、そのラインに大きな壁があるということであり、反落するかもしれないと読むことができます。反対にその壁を突破したら「買いたい」という人が多いということであり、さらに上昇するかもしれないと読むこともできます。

◀ この場合、2,197,760円に15BTCの注文があり、反落ポイントになりえます。ただ、見せ玉（約定させる意図がなく取引を誘引する注文）の可能性もあります。

取引の活発さをはかる

　板情報を眺めることにより、取引が活発かどうかを知ることもできます。取引が活発な場合、並んでいる注文がどんどんなくなっていき、上または下に数字が移動していきます。一方、活発でない場合、並んだまままったく変化がない状態となります。マーケットが動き出すとき、必ず板情報にこういった変化が生じます。取引が活発になるということは、**トレンド**（チャートが一方向へ向かっていくこと）が発生するサインでもあります。板情報の動きをチェックすることにより、チャート分析よりも早く、こうしたサインに気づくこともあります。

第5章 ● 仮想通貨に投資をしよう

Section 46 買い時・売り時のタイミングを知る

▶Keyword◀
順張り／逆張り
利食い／損切り

投資のパフォーマンスは、売買のタイミングで決まります。そんな買い時・売り時の種類とタイミングのコツをおさえることで、より有利な取引が可能となります。

 買い時・売り時それぞれのコツ

　仮想通貨取引の売買には、エントリー（新規注文）とエグジット（決済注文）の2種類があります。**エントリー**とは新しく注文をすることで、**エグジット**とは保有している仮想通貨を決済することです。現物取引の場合、エントリーは「買い」、エグジットは「売り」ですが、証拠金取引の場合はこの順序が入れ替わることがあります。

❯❯ エントリーのコツ―順張りと逆張り

　エントリーの方法には、順張り（じゅんばり）と逆張り（ぎゃくばり）の2種類があります。**順張り**とは、トレンドの方向と同じ売買を行うことです。例えば上昇しているとき、上昇の勢いに乗って「買う」こと、または下落しているときその勢いに乗って「売る」ことをいいます。「上昇しているからさらに上昇するだろう」「下落しているからもっと下落するだろう」という心理でこういった売買を行います。

順張り…トレンドと同じ売買を行うこと

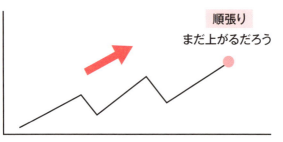

◀「まだ上がるだろう」とトレンドの方向と同じ売買をするのが順張りです。

一方**逆張り**とは、トレンドに反する売買を行うことです。上昇しているときは、上昇に反して「売る」こと、下落しているときはその流れに反して「買う」ことをいいます。「上昇しているからそろそろ価格は下がるだろう」「下落しているからそろそろ上がるかもしれない」という心理でこういった売買を行います。

逆張り…トレンドに反する売買を行うこと

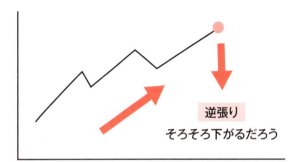

◀ トレンドに反し、「もう下がるだろう」と考え売買するのが逆張りです。

一般的に、初心者が無意識のうちに行うのがこの「逆張り」です。しかし、相場の鉄則は「流れに乗ること」です。上昇している相場の天井や、下落している相場の底をピタリと当てることは、プロでも難しいとされています。トレンドが発生した相場には、それに逆らわないことが鉄則です。「Trend is your friend」という相場の格言もあります。しっかりとトレンドに乗った取引をすることが、まずはエントリーで利益を上げるコツです。また、特に意識したいのは直近の高値と安値です。市場参加者は、直近の高値と安値を意識してトレードをします。そのためその近くには多くのオーダーが置かれたり、売買の重要なポイントとして位置づけられています。

---

column　多くの初心者が陥るポジポジ病に気をつける

エントリーで気をつけたいのが、すぐにエントリーをしないことです。ギャンブルに似た興奮状態を味わいたいがために、エントリーをする人が初心者に多くいます。ポジション（仮想通貨を購入して保有していること）していないと、物足りないのでしょう。このように、すぐにエントリーをしてしまう人の症状を、「ポジポジ病」と呼びます。しっかりとエントリーチャンスが来るまでタイミングを待つのが、「勝てるトレーダー」です。感情に駆られて売買してしまう「負けるトレーダー」にならないよう、気をつけましょう。

❯❯ トレンドの勢いを利用するブレイクアウト

ブレイクアウトという手法があります。これは順張りの手法の一つで、直近の高値や安値を更新したときにその相場の流れに乗って取引をする手法です。

例えば直近の安値が更新されると、もともと買い注文を保有していた多くの人々が「もうダメだ」と一斉に売り出します。その売り注文がさらに下落を加速させ、下落が下落を呼ぶ状況があります。そういった引き金となるポイントがこの直近の安値となるので、この安値を抜けたときに順張りで売るのがブレイクアウトです。同様の手法は、直近の高値を抜けたときに買うことでもあてはまります。

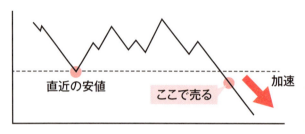

◀ 直近の安値を割ったところで売ります。特にまだまだ初心者の取引参加者が多い仮想通貨市場では、比較的有効な手法です。

さらに、直近の高値・安値以外にも大台と呼ばれるキリのよい数字でも同様の効果は得られます。例えば、1万円ちょうどや200万円ちょうど、などです。こういったキリのよい数字にも多くのオーダーが置かれるので、その価格を越えるとトレンドが加速しやすいです。過去にも、ビットコイン／円が100万円を突破したあと、トレンドが加速して一気に200万円まで到達したことがありました。しかしビットコインの場合、高値だからといって安易に売ることは危険です。マーケットは必ずしも合理的な動きをするとは限りません。市場参加者が人間である以上、感情的になることもあります（その点、市場は効率的で価格は市場で得られる情報のすべてを織り込んでいるという考え方は、合理的な人間を前提としており、ビットコイン相場などでは当てはまらないといえます）。

◀ 2017年11月26日にビットコインははじめて100万円を突破、そのわずか12日後に200万円を突破しました。

≫ エグジットのコツ―利食いと損切り

　エグジットには、利食い（りぐい）と損切り（そんぎり）の2種類があります。**利食い**とは、保有している仮想通貨が利益の方向に進んでいるので、利益を確定させる行為のことをいいます。利食いのコツは、「天井を当てようとしないこと」です。保有している仮想通貨の価格が上昇し利食いをしたあと、さらに価格が上昇するということがよくあります。そういった場合、「もうちょっと保有しておけばよかった」と必ず後悔しますが、天井をピタリと当てることは投資のプロでも難しいことです。利食いでは、「頭としっぽはくれてやる」という気持ちで行うことが、結果としてパフォーマンスを向上させます。

　一方の**損切り**とは、保有している仮想通貨が損失の方向に進んで損失を確定させる行為のことをいいます。一般的に投資では「損切りがもっとも難しい」といわれます。多くの人は損失を確定させたくないため先延ばしにし、その結果、損失がさらに広がりどうしようもなくなり、いわゆる塩漬けの状態にさせてしまいます。そうならないために、見通しと異なる動きをしていたらスッパリと損切りをして、次のトレードチャンスに備えることが大切です。ダラダラと見込みのない仮想通貨を保有するよりも、損切りをするほうが、最終的には資産を増やすことにつながります。一般的にいわれているのが2％ルール（P.111、P.119参照）です。これは資産の2％の損失をしたら損切りをするというルールを自らに課すということです。特に短期トレードのような取引回数が多い取引の場合は、連続して10回、20回と負け続けることも十分にありえます。そうなった場合でも資産に壊滅的なダメージを負わず、最終的に資産を増やすために1度の損失上限を設けることが必要です。

利食い…利益を確定させること
損切り…損失を確定させること

---

column　売買の記録をつける

売買のコツで大切なことは、レコーディング（記録管理）することです。成績を改善しようと決めたら、記録をつけることが役に立ちます。早いランナーになるためには毎日のタイムをレコーディングしたり、ダイエットを成功させるために日々の体重をレコーディングしたりするように、取引で資産を増やそうとした場合、レコーディングは重要なカギとなります。日々の資産の上限と利益損失を手帳に書くだけでも十分です。そうすることで客観的に取引を見ることができ、無駄な売買（ポジポジ病）の抑止にもなります。

数回に分けて売買する

▶ Keyword ◀
リスク分散
分割エントリー

売買を複数回に分けることにより、異なる価格で約定し、場合によっては平均取得価格を下げることにも寄与します。また、リスクを分散したり、トレードチャンスを増やしたりすることが可能です。

売買を分けることのメリット

売買は、**数回に分けて行う**ことでメリットが生まれます。一度に売買を行うと、高値掴みをしてしまい、リスクが増します。それを避けるためにあらかじめ売買を数回に分けて行うことで、リスクを分散することができます。天井と底を当てることはプロでも難しいですが、売買を分け、価格を分散することにより、大きなリスクを避け、移動平均に近いコストでポジションを保有・決済することが可能になります。

例えば資産が20万円あるとして1BTCの価格が200万円の場合、まずは10万円分を購入し、1BTC100万円に下落したところで追加で10万円を購入したとします。すると、1BTCが200万円に回復した場合、資産が30万円（プラス10万円の利益）に増えることとなります。一方、1BTCが200万円のときに1度に20万円分購入した場合、その後に下落が起きたとしてもアクションがとれず、結局1BTC200万円に回復しても、20万円のままとなります。

このように売買を数回に分けることで、1度に取引を行う場合に比べてチャンスが増え、思わぬよいレートでポジションが持てる可能性が高まります。そしてそのポジションが、結果として取引パフォーマンスの向上に寄与します。

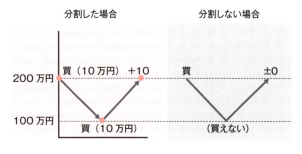

◀ 分割エントリーの場合、価格がいったんディップ（落ち込む）したところで収益チャンスが生まれます。

投資の基本は順張り

投資の基本は順張り（じゅんばり）です。**順張り**とは、相場のトレンドの勢いがある方向にトレードすることです。例えば相場が上昇傾向にあれば買い、下落傾向にあれば売りの新規注文を行い、相場の流れに乗ります。ここで、特に順張りに有効とされるのが「スケールダウンピラミッティング」と呼ばれる手法です。これは投資するポジションを大・中・小と3分割し、トレンドに乗って積み増していく方法です。例えば手持ちの資金が100万円なら60万・30万・10万と分け、段階的にエントリー（新規注文）を行います。

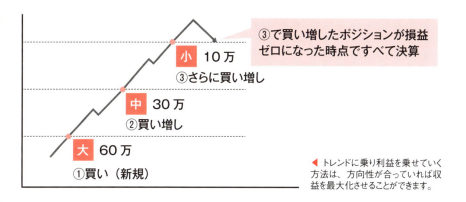

◀ トレンドに乗り利益を乗せていく方法は、方向性が合っていれば収益を最大化させることができます。

相場が反転するポイントを当てることは難しく、投資で勝ちやすいのは順張りだといわれています。このように相場に沿って段階的にエントリーを行うことで、利益の方向に進んだ場合、大きく儲けることができます。最後の「小」エントリーは、いわゆるセンサーとしての役割をします。上昇が反転し、「小」ポジションの含み益がなくなった場合に、利益確定の段階だと判断し、保有している大・中・小のポジションすべてを決済するトリガーとします。

分割すると、重要ポイントで2回勝負できる

例えば直近の高値を更新した場合のブレイクアウトは、相場に勢いがついてそのまま一気に上昇します。しかし、ブレイクアウトをしたと見せかけ、高値を更新したにも関わらずもとの水準に下落してしまうケースがあります。これをダマシといいます。ダマシだった場合、直近の高値を下回ると一気に大きく反落しやすいという特徴があり、売りからも取引できるビットコインFXの場合、絶好の売り（新規）のチャンスと見られています。

分割エントリーではなく、単独エントリーでブレイクアウトのトレードを行うと、1度の損失が大きいので、ダマシがあった場合には損切りをするしかありません。また、多くの人は損切りもできず、そのまま含み損を拡大させてしまいます。この点分割トレードだと1度の損失も小さいので損切りがしやすく、次のトレードも機動的に行うことができます。この場合、ダマシがあったら損切りをして、再度売り（新規）のトレードをすることで、収益チャンスを逃さずトレードが行えます。

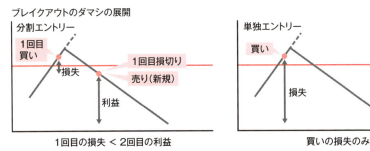

▲ 分割エントリーの場合、複数のチャンスに対応できるため、トータルで考えた場合利益を得やすくなります。

⨀ エグジットでも分割をする

　エグジット（決済注文）の場合も、分割することが有効です。まず、利食いの場合、1度に決済するのではなく2回に分けて決済することで、幅のある取引が可能です。1度に決済して、その後さらにマーケットが上昇してしまうということは、往々にしてあります。そのとき「もっと持っておけばよかった」と後悔することがないよう、ポジションの半分を残して決済を行うのです。これにより、利益の確定ができているという安心感と、さらなる上昇でも利益を得られるという今後の期待利益の確保が可能です。

　また、変動率の大きい仮想通貨の場合、具体的に価格が倍になったら半分利益を確定させるという方法もあります。投資した100万円が200万円になったら100万円分を利益確定させるという方法です。これにより今後は実質ノーリスクで保有をし続けることができる（税金を除く）ので、心理的に負担が少ないトレード方法です。

　また、損切りの場合も2回に分けることでよい結果を生むことがあります。損切りを行うことは、プロでも難しいといわれています。人は一度保有したポジションをなかなか手放せず（保有高価）、損の確定のようないやなことをあと回しにしたがります。そこで、まずは「行動する」という意味で、保有ポジションの一部（少額）を損切りするのです。そうすることにより、その後の損切りが比較的しやすくなり、心理的に抵抗が少なく決済を行うことができます。

第6章

ワンランク上の売買取引を行おう

- Section 48　bitFlyer Lightningを利用する
- Section 49　成行注文を行う
- Section 50　指値注文を行う
- Section 51　特殊注文を行う
- Section 52　チャートの見方を知る
- Section 53　チャートスタイルの特徴を知る
- Section 54　移動平均線／平滑移動平均線の見方を知る
- Section 55　ボリンジャーバンドの見方を知る
- Section 56　一目均衡表の見方を知る
- Section 57　指標の見方を知る

第6章 ワンランク上の売買取引を行おう

Section 48

bitFlyer Lightning を利用する

▶Keyword◀
取引注文
相場分析

bitFlyer Lightningは、bitFlyerが提供する取引所です。現物取引だけでなく、FXや先物取引なども可能で、多彩な注文方法や高機能なチャートが利用できるプラットフォームです。

bitFlyer Lightningとは

bitFlyer Lightningは、bitFlyerが提供する取引所のプラットフォームです。どのクラスのアカウントでも閲覧をすることは可能ですが、実際に取引を行うためにはアカウントクラスをトレードクラスにする必要があります。なお、bitFlyer Lightningの利用に費用はかかりません。

≫豊富な取引注文ができる(Sec.49〜51)

bitFlyer Lightningでは、ビットコインの現物取引やFX、先物取引を行うことができます。さらに、ビットコインキャッシュとイーサ(イーサリアム)の現物取引も可能です。また、豊富な注文方法が可能で、現在の価格で約定する成行注文はもちろん、あらかじめレートを指定しておく指値注文や、あらかじめこの価格以上(以下)になったら買い(売り)という逆指値注文(ストップ注文)、さらに複雑なストップ・リミット注文やトレーリングストップ注文、IFD、OCO、IFDOCO注文など、豊富な注文方法が用意されています。

bitFlyer Lightning
URL https://lightning.bitflyer.jp/trade

▶▶ 相場分析ができる（Sec.52〜57）

　さらにbitFlyer Lightningには、高性能なチャート機能が備わっています。チャートスタイルはローソク足はもちろん、平均足、バーチャートラインチャートなどを表示させることができ、チャート上にラインや矢印を引くことができます。

　また、テクニカル分析を表示させることも可能で、その種類もSMA（単純移動平均線）はもちろん、平滑移動平均線やボリンジャーバンド、一目均衡表などといった、株式投資やFX投資でおなじみのメジャーなテクニカル分析手法を仮想通貨投資でも行うことができます。

　そのほかにも、MACD、RSI、ストキャスティクスといった、オシレーター系と呼ばれるチャートの下部に表示させるテクニカル分析も利用できます。

◀ テクニカル分析は複数表示させることも可能です。

---

column　bitFlyer Lightningの現物とFXの価格差に注意

本書執筆時現在（2018年1月）、bitFlyer Lightningのビットコインの現物とFXの価格には乖離があり、問題視されています。もともとビットコインの価格は各会社によって異なり、東証に上場している日本株のようにどこで購入しても価格が同じという性質のものではありません。しかし、このbitFlyer Lightningの現物とFXの価格差は現在かなり乖離しており（FXの価格が高い状態）、安心してFXを行いづらい状態が続いています。bitFlyerもその差を縮小するために、乖離が10％以上になった場合、乖離方向の約定をした人にSFD（Swap For Difference）という金額を徴収し、縮小する方向の人にSFDを付与する施策を行っています。

▲ 現物（1,692,000円）とFX（1,952,000円）でかなりの価格の乖離差（26万円）が発生しています。

第6章 ● ワンランク上の売買取引を行おう

Section 49 成行注文を行う

▶ Keyword ◀
成行注文
売買成立を優先

値段はいくらでもかまわないから、とにかくビットコインを買いたい！ 売りたい！ というときは、成行注文を行います。成行注文はもっともベーシックな注文方法であり、売買取引の基本です。

成行注文とは

　成行（なりゆき）注文とは、価格を指定せずに注文をする方法です。成行の買い注文を出すと、そのときに出ているもっとも低い価格の売り注文に対応して注文が成立します。同様に成行の売り注文の場合は、もっとも価格が高い買い注文に対応して注文が成立します。bitFlyer Lightningで注文を行うことができます。

　成行注文は、売買の成立をもっとも優先した注文の執行方法なので、「いくらでもいいから今すぐ買いたい」「今すぐ売りたい」という場合に利用します。例えば、上昇トレンドが発生し、今後もしばらく上がると考えたときに使うことで、売買のタイミングを失わずに利益を得ることができます。

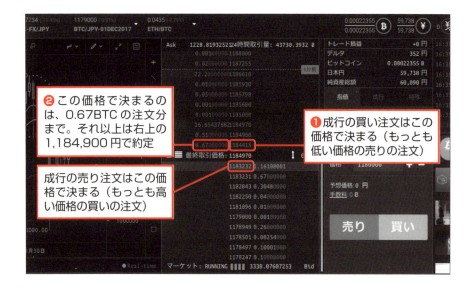

成行注文のメリット・デメリット

　成行注文のメリットは、確実に注文を成立させられることです。指値注文（Sec.50参照）など、レートを指定する注文方法の場合、そのレートに近づかないといつまでたっても注文が約定しませんが、成行注文の場合はしっかり約定することができます。

　一方デメリットは、価格が読めないことです。成行注文は売買の成立を最優先するので、タイミングによっては不利なレートとなってしまう恐れがあります。また、取引所という性質上、すべての数量が同一価格で約定するわけではありません。例えば3BTCを100万円で買おうと思って成行注文を出しても、「1BTC100万円、2BTC102万円」で売買が成立してしまうこともあります。

成行注文を行う

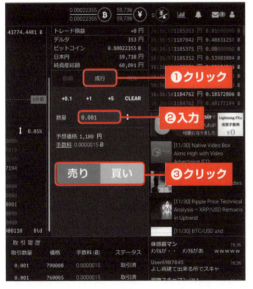

1. ログイン後の画面右側で＜成行＞をクリックし❶、数量を入力して❷、＜買い＞をクリックします❸（売却の場合は＜売り＞をクリック）。

2. 左の画面で＜買い＞をクリックすると、成行注文が出されます（売却の場合は＜売り＞をクリック）。取引履歴と画面右側の約定一覧に、数量と価格が表示されます。

第6章 ● ワンランク上の売買取引を行おう

指値注文を行う

▶ Keyword ◀
指値注文
価格を優先

bitFlyer Lightningでは、成行注文のほかに指値注文も可能です。指値注文を使いこなすことによって、相場が見られない時間帯でも、狙った価格で約定を行うことができます。

 指値注文とは

　指値（さしね）注文とは、売買の価格をあらかじめ指定しておく注文方法です。指値の買い注文を出すと、指値以下の価格にならなければ注文が成立しません。同様に指値の売り注文の場合は、指値以上の価格にならなければ注文が成立しません。

　指値注文は、「指定した価格」での売買の成立を最優先した注文方法なので、「この価格なら買いたい」「この価格なら売りたい」という人に向いています。例えば、190万円で購入したビットコインを「195万円になったら売りたい」という場合、あらかじめ指値注文をしておくことで、相場に張り付いていなくても、希望のレートになれば売買が成立します。

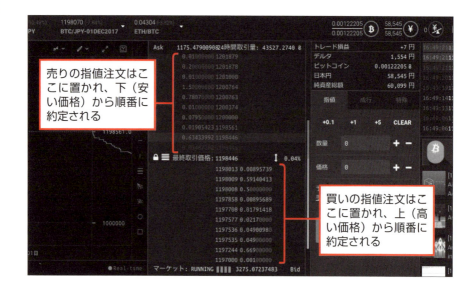

売りの指値注文はここに置かれ、下（安い価格）から順番に約定される

買いの指値注文はここに置かれ、上（高い価格）から順番に約定される

≫ 指値注文のメリット・デメリット

　指値注文のメリットは、一度注文をしておくことで、希望のレートになったら自動的に売買が成立する点にあります。一方、「相場を見ていたらもっと上がりそうだったのに…」という場合でも、指定した価格で約定してしまう点がデメリットになります。

Ⓑ 指値注文を行う

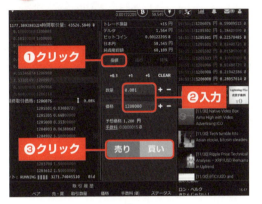

1 ログイン後の画面右側で＜指値＞をクリックします❶。数量と指値価格を入力して❷、＜買い＞をクリックします❸（売却の場合は＜売り＞をクリック）。

2 ＜買い＞をクリックします（売却の場合は＜売り＞をクリック）。取引履歴と画面右側の約定一覧に、数量と価格が表示されます。

3 画面左下に、注文内容が表示されます。キャンセルしたい場合は注文内容の左の✕をクリックし、＜はい＞をクリックすると注文がキャンセルされます。なお、一度成立した注文は、取り消すことができません。

第6章 ● ワンランク上の売買取引を行おう

特殊注文を行う

▶ Keyword ◀
トリガー価格
複数注文

このほか、bitFlyer Lightningでは特殊注文として、多彩な注文方法があります。はじめはとっつきにくいかもしれませんが、覚えておくと、状況に応じてフレキシブルな取引が可能になります。

bitFlyer Lightningで使えるさまざまな注文方法

　bitFlyer Lightningでは、成行、指値注文のほかに6種類の特殊注文ができます。特殊注文には、大きく分けて2種類あります。まず、**トリガー価格**（特殊な注文をする、きっかけとなる価格）を指定する注文です。例えば「100万円になったら○○をする」というように、きっかけとなるトリガー価格を指定する注文方法で、ストップ注文、ストップ・リミット注文、トレーリング・ストップ注文があります。次に、あらかじめ複数の注文をしておく注文方法があります。これが、IFD注文、OCO注文、IFDOCO注文です。これらの注文は、bitFlyer Lightningのトップページで、＜成行＞＜指値＞の右側にある＜特殊＞をクリックすることで、行うことができます。

ストップ注文

　ストップ注文（STOP）は、「トリガー価格以上になったら買い」、「トリガー価格以下になったら売り」という条件を付けた成行注文の注文方法です。逆指値注文とも呼ばれ、いわゆる損切り注文で使われることが多いです。

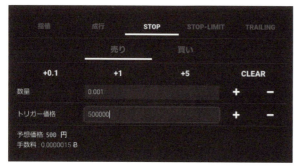

◀ 左の画面は、0.001BTCを50万円になったら売る（損切り）注文です。

ストップ・リミット注文

　ストップ・リミット注文（STOP-LIMIT）は、かなり複雑な注文方法です。ストップ・リミット注文は「トリガー価格以上になったら買い」、「トリガー価格以下になったら売り」という条件を付けた指値注文の注文方法です。ストップ注文がトリガー価格に到達すると「成行注文」が発注されるのに対し、ストップ・リミット注文はトリガー価格に到達すると「指値注文」が発注（約定ではない）されます。

　例えば、「ある程度価格が下がってしまったら損切りしたい。けれど、そこで損を切ると大きく損をするので少し反発して戻すのを待ってから損切りをしたい」という場合の利用を想定しています。具体的に、「50万円以下になったら損切りしたいけど、50万円では損切りしたくない（いったん反発して70万円になったら決済しよう）」というケースです。また、反対に110万以上になったら買いたいけれど、110万円では買いたくない（いったん下がって105万円になったところで買おう）というケースでも利用できます。

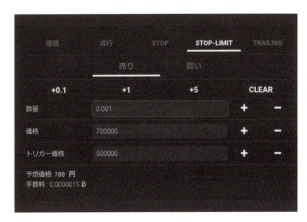

◀ 左の画面は、現在のレートから下がって50万円（トリガー価格）にタッチし、その後70万円まで上昇したら「売る」という注文です。

トレーリング・ストップ注文

　トレーリング・ストップ注文（TRAILING）は、値動きに合わせてストップ注文のトリガー価格が自動更新される「条件付きストップ注文」の注文方法です。使いこなせると大きな武器になる注文方法です。例えば相場が上昇して、今の市場価格が150万円の場合、「この高値（150万円）から5万円下がったら売ってしまおう」と考えたとします。トレーリング・ストップ注文では、そのままさらに上昇していっても、高値から5万円下がらない限り、この注文は約定しません。例えば、170万円まで上昇したあと、165万円まで下げたらそこで約定します。

◀ 左の画面は、注文後の高値から50,000円下がったら「売る」注文です。

◈IFD注文

　IFD（イフダン）注文のIFDとはIf Doneの略で、「一度に2つの注文を出して最初の注文が約定したら2つめの注文が自動的に発注される」という注文パターンです。下のケースの場合、「1BTCが70万円になったら買って、その後120万円まで上昇したら売る」という注文方法です。注文通りに行けば、相場をまったく見なくても利益を上げることができます。

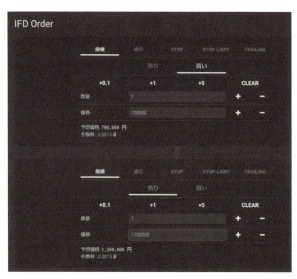

◀ 左の画面は、70万円で買って、120万円で売る（利食い）注文です。

◎OCO注文

OCO（オーシーオー）注文のOCOは One Cancels the Other orderの略で、2つの注文を同時に出して一方の注文が成立した際に、もう一方の注文が自動的にキャンセルされる注文パターンです。下のケースの場合、「現在のレート1BTC約118万円が今後80万または150万円になったら売る」という注文方法です。一度に利食い注文と損切り注文を出しておける注文方法なので、リスク管理に最適です。

◀ 左の画面は、1BTCが80万円、または150万円になったら売る注文です。どちらかが注文されると、もう一方の注文は自動的にキャンセルになります。

◎IFDOCO注文

IFDOCO（イフダンオーシーオー）注文は、IFDとOCOの組み合わせの注文です。IFD注文が約定したあとに、自動的にOCO注文が発注される注文パターンです。下のケースの場合、現在のレート1BTC173万円が①120万円になったら新規の買い、その後②90万円まで下がったら損切り、または③200万円まで上昇したら利益確定、という注文を組み合わせたものです。

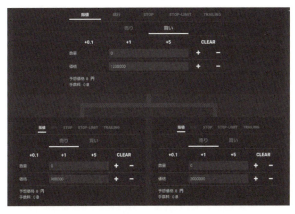

◀ 左の画面は、現在173万円で120万円になったら買い、90円または200万円になったら売り注文を行います。

第6章 ● ワンランク上の売買取引を行おう

Section 52

チャートの見方を知る

▶ Keyword ◀
ローソク足
4本値

チャートは、過去の売買取引の流れを視覚的に確認できる優れたツールです。過去の値動きを確認し、これからどう値が動くのかを読み取って、利益を上げるようにしましょう。

チャート読みは投資の基本

bitFlyer Lightningにログインすると、画面左側のチャートに、足のような図が並んでいます。これを**ローソク足**（あし）といいます。

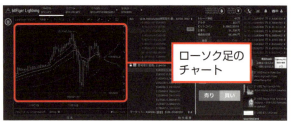

◀ bitFlyer Lightning の左側に、ローソク足によるチャートが表示されています。

ローソク足とは

ローソク足とは、始値（はじめね）、高値（たかね）、安値（やすね）、終値（おわりね）からなる4本値（よんほんね）を実体とヒゲに分けて、1本の足にして表示したものです。日本発祥ですが、海外でもキャンドルチャートとして広く知れ渡っています。日足（ひあし）の場合、オープンのときの値が始値（bitFlyerの場合、オープンが午前9時）、クローズのときが終値です。そして営業日中もっとも高かった値が高値、もっとも安かった値が安値です。仮想通貨の世界では、24時間365日値が動き続けているので、株式のような明確な終了時間はありません。1日を区切る便宜上、設けています。

1日を通して価格が上昇したときの線を、陽線（ようせん）といい、1日を通して価格が下落したときの線を、陰線（いんせん）といいます。始値より終値のほうが低い場合は陰線となり、始値より終値のほうが高い場合は、陽線となります（いずれも日足の場合）。

■ 陽線   ■ 陰線

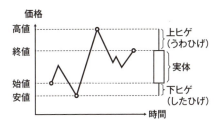 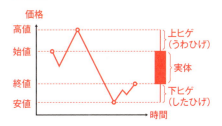

　このように、日足の場合、1日の始値・高値・安値・終値を1本のローソク足ですべて視覚化することができます（例えば5分足の場合は、5分間の始値・高値・安値・終値を表示します）。

チャートの各機能の説明

　bitFlyer Lightningのチャートには、以下の機能が備わっています。

■ 時間足を変更できる　　　　　　■ テクニカル分析

▲ ローソク足の時間を変更することが可能です。短い時間ほど、短期取引の見通しを図るのに向いています。

▲ 過去の価格の変化をさまざまな方法で分析してチャート上に表示させます（詳細はSec.55以降）。

■ オシレーター分析　　　　　　　■ チャートに線を引く

▲ 過去の価格の変化の分析や出来高をチャートの画面下に表示させます。

▲ チャートに線を引くことも可能です。相場にはトレンド（傾向）があり、線を引くことでそのトレンドを把握しやすくなります。

第6章 ● ワンランク上の売買取引を行おう

チャートスタイルの特徴を知る

▶ Keyword ◀
チャートスタイル
チャート分析

bitFlyer Lightningでは、ローソク足以外にもさまざまなスタイルを表示させることが可能です。さまざまな特徴あるチャートスタイルを知っておくことで、取引に幅が生まれます。

チャートをより分析しやすく表示を変える

初期状態のローソク足でも十分ですが、bitFlyer Lightningに用意されているチャートスタイルを使うことによって、同じ相場でも見え方がまったく異なってきます。チャートスタイルを変えることによって、気づかなかった売買サインを発見できたり、投資の成績そのものも変わってくることがあります。自分に合うチャートスタイルを、実践で試していくことが大切です。

≫チャートスタイルの表示を変更する

1 チャート上部の をクリックします。

2 チャートスタイルのメニューが表示され、変更できます。

各チャートスタイルの特徴

■ ローソク足

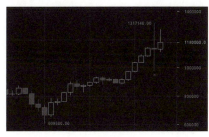

▲ もっともメジャーなチャートスタイルです。4本の値（始値、終値、高値、安値）を1本のローソクといわれる図形に作図して時系列に沿って並べたグラフです。視覚的に多くの情報を取り入れることができ、ローソクの形状や並び方で相場の強弱やトレンドを把握することができます。

■ 平均足

▲ ローソク足と形が似ているチャートスタイルです。高値と安値は同じですが、平均足の始値は前の足の実体の始値と終値の中心になります。また終値は、当日の4本値の平均となります。トレンドがわかりやすいのが特徴です。陽線が続いたあとに、陰線があらわれるとトレンドが転換した可能性が高いと判断します。

■ バーチャート

▲ 欧米でよく使われているチャートスタイルです。特に高値と安値が見やすいのが特徴です。一方、ローソク足のように色分けされていないので、陽線と陰線の区別がひと目でわかりづらい点がデメリットです。

■ ラインチャート

▲ 終値を結んだチャートで、上に緑、下に赤の帯があります。緑の帯の上部は高値、赤の帯の下部は安値となっています。

■ Mountain

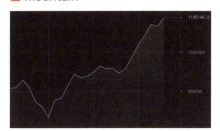

▲ 終値を結んだシンプルなチャートです。初心者でも視覚的にわかりやすい点がメリットですが、終値以外得られる情報が少ないのがデメリットです。

第6章 ● ワンランク上の売買取引を行おう

移動平均線／平滑移動平均線の見方を知る

▶ Keyword ◀
ゴールデンクロス
デッドクロス

移動平均線は、もっとも基本的なテクニカル分析です。ほかの多くのテクニカル分析も、この考えを応用しているので、しっかり基本をおさえておきましょう。

移動平均線とは

　移動平均線（MA）とは、テクニカル分析の中でもっとも使用されているものです。過去の動きを平均化することにより、価格の「慣性」を読み取り、トレンドの方向性も見ようとするものです。大きなトレンドを教えてくれるのがメリットですが、後述する平滑移動平均線に比べてマーケットの動きを表示するのに遅れをとる点がデメリットです。なお、終値を単純に平均化したものは、単純移動平均線（SMA）といいます。

　もっとも多く使われている移動平均線の設定値は、日足の場合、25日線（短期線）、75日線（中期線）、200日線（長期線）です。これらは1週間の取引日数が5の倍数であったことから利用されています。仮想通貨の場合、土日も取引が可能なので、7の倍数にすることで利用しやすくなるといわれています（例：7、35、105、280）。

「買い」と「売り」のポイント

　移動平均線は1本でも有効ですが、期間の異なる複数の移動平均線を表示させるのが効果的です。これを複線分析といいます。なお、①中長期の移動平均線が上向きまたは横ばいのとき、かつ、②短期の移動平均線が上へ抜けたときが買いのポイントとなり、これをゴールデンクロス（GC）といいます。

◀ 短期（オレンジ色5日）の単純移動平均線が長期（水色50日）のラインをクロスしている（上回っている）ポイントが、ゴールデンクロスです。一般的にゴールデンクロスしたら「買い」のサインとなり、このチャートでも、その後上昇しています。

一方、売りのポイントは、①中長期の移動平均線が下向きまたは横ばいのとき、かつ、②短期の移動平均線が下へ抜けたときです。これを**デッドクロス**（DC）といいます。

◀ 短期（オレンジ色5日）の単純移動平均線が長期（水色50日）のラインをクロスしている（下回っている）ポイントが、デッドクロスです。一般的にデッドクロスしたら「売り」のサインとなり、このチャートでも、その後下落しています。

B 平滑移動平均線とは

平滑移動平均線（EMA）とは、移動平均線の一種で、直近の価格ほど重要であると考え、重要度を上げる計算方法をとります。指数平滑移動平均線ともいいます。直近の価格ほど、重要な意味を持つという考えのもとに成り立った分析手法です。単純移動平均線よりも、マーケットの変化を早く表す点がメリットです。一方、ダマシ（売買サインが出たと思ったら違う方向に行くこと）も多いのがデメリットです。2つの異なる期間の平滑移動平均線を使ったテクニカル分析として、MACD（P.153参照）があります。

◀ 短期（5日：水色）と長期（50日：オレンジ色）の2つの平滑移動平均線を表示させたチャートです。直近のデータを重視するので、単純移動平均線と比べるとトレンドのサインが早く出やすい点が特徴です。

ボリンジャーバンドの見方を知る

▶ Keyword ◀
逆張り
バンドウォーク

ボリンジャーバンドは、一般的に逆張り（「上昇しすぎてそろそろ下がるのでは？」と売る注文、または「下落しすぎてもう上がるのでは？」と買う注文）の場合に使う指標です。

ボリンジャーバンドとは

ボリンジャーバンドは、移動平均線に対して一定の乖離を持つバンド（線）を表示したものです。もともと、「価格と移動平均線との大幅な乖離はやがて修正される」という考えをもとに、バンド内に価格が収まっていくであろうとする習性に着目したテクニカル分析手法です。

ボリンジャーバンドの使い方

ボリンジャーバンドは、以下の基本的な想定のもとにバンドが表示されています。価格が移動平均に対して、

- プラスマイナス1σ（シグマ）の範囲内に収まる確率：68%
- プラスマイナス2σ（シグマ）の範囲内に収まる確率：95.4%
- プラスマイナス3σ（シグマ）の範囲内に収まる確率：99.7%

となり、ちょうどバンドにタッチしているところが売買ポイントとなっています。もちろん、上記確率はあくまでも想定です。これら標準偏差の数値は、短い移動平均線の対象期間で算出されたものであり、限定的な過去をベースにしたものです。

---

column　標準偏差とは

標準偏差とは、データや確率変数のばらつきを表す数値の1つで、ボリンジャーバンドのもととなる考えです。ボリンジャーバンドは移動平均線（Sec.54参照）の価格に統計的な要素を持ち込み、移動平均線の対象期間におけるレート変動の標準偏差を算出して、その一定倍率の乖離を持つ伴線を施したものです。

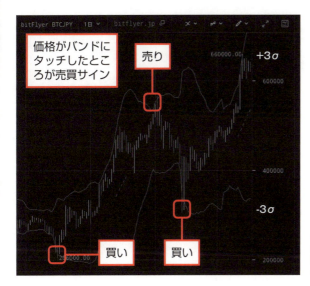

◀ ±3σのボリンジャーバンドを表示させたチャートです。それぞれバンドにタッチしているところが、「買い」と「売り」のポイントとなっています。

❯❯ ボリンジャーバンドのメリットとデメリット

　ボリンジャーバンドは、マーケットが大きく動いたとき（乖離したとき）の逆張りのポイントを探ることができる点がメリットです。ただし、トレンド（価格が一方向に動き続けること）の発生時は機能しない点がデメリットです。

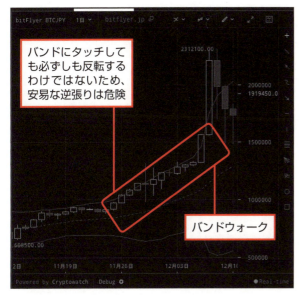

◀ トレンドが発生した場合、バンド幅が拡大し（エクスパンション）、ローソク足がバンドに沿うように動く（バンドウォーク）ため、逆張りのサインとしては機能しなくなるので注意が必要です。

第6章 ● ワンランク上の売買取引を行おう

一目均衡表の見方を知る

▶ Keyword ◀
転換線／基準線
抵抗帯

bitFlyer Lightningでは、一目均衡表を表示させることもできます。一目均衡表は日本発の奥が深いテクニカル分析ですが、基本的なことをおさえるだけでも十分、実践で使うことができます。

一目均衡表とは

　一目均衡表（いちもくきんこうひょう）は、「相場の帰趨は一目瞭然である」との意味合いから「一目均衡表」と呼ばれています。「マーケットは売る人と買う人のどちらが勝っているか負けているかを知るだけで十分」であり、「その均衡が崩れたほうへ大きく動く」という考えに立っている分析手法です。「時間論」「波動論」「水準論」の3つの論を骨格として展開されています。特に特徴的なのが、時間に対する考え方です。ほかのテクニカル分析では直近の価格までしか分析結果が表示されませんが、一目均衡表の場合、未来の動きも表示されています。

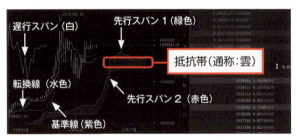

◀ 先行スパン1と2の間の帯状の部分を「抵抗帯」といいます。世間一般には「雲」と呼ばれることもあります。

転換線	（過去9日間の高値＋安値）÷2（当日を含む）
基準線	（過去26日間の高値＋安値）÷2（当日を含む）
先行スパン1	（転換線＋基準線）÷2
先行スパン2	（過去52日の高値＋安値）
遅行スパン	当日の終値を26日前に表示

※先行スパン1と先行スパン2は当日を含む26日先に表示

一目均衡表の使い方

一目均衡表を使った場合の売買ポイントは3つです。

①転換線と基準線

基本的には、転換線と基準線の2本の線は移動平均線の考え方と同様です。①転換線が下から上にクロスする状態、さらに②基準線が上向きである場合、この状態を「好転」または「買い転換」といい、買いのサインです。反対に、③転換線が上から下にクロスする状態、さらに④基準線が下向きである場合は「逆転」または「売り転換」といい、売りのサインです。

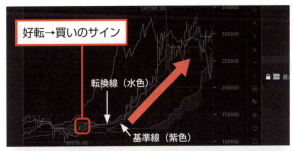

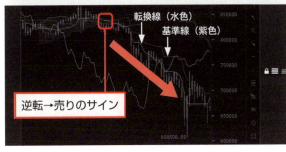

◀ 転換線（水色）が基準線（紫色）を上抜けしていれば「買い」のサイン（画面上）、下抜けしていれば「売り」のサイン（画面下）となります。

---

column　一目均衡表はどの足で見ればよい？

基本的にどの足（5分足、1時間足、日足など）でも一目均衡表は有効です。また、多くのトレーダーも、さまざまな足で一目均衡表を利用しています。ただ、1分足などあまりに短い足だと、出てくるサイン（好転）にダマシが多くなり、かえって使いづらくなってしまいます。データ処理が発展しておらず、手書きで日足を書いていた時代に生まれた分析手法であり、またもともと考案者の一目山人氏も日足をベースに解説しているので、まずは日足で利用してみることをおすすめします。

②抵抗帯の位置

先行スパン1と先行スパン2で囲まれている場所を抵抗帯といい、一般には雲と呼ばれることもあります。抵抗帯は相場の強弱などを測るものです。日々線（過去のローソク足）が抵抗帯より上にある場合は「強い相場」、下にある場合は「弱い相場」となります。さらに抵抗帯の幅（厚さ）が大きければ大きいほど抵抗が強く、抵抗帯に近づいても跳ね返るポイントとなりやすいです。

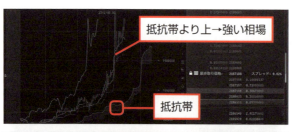

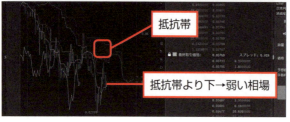

◀ 抵抗帯は、先行スパン1と先行スパン2で囲まれている部分（帯状）を指します。

③遅行スパンの位置

遅行スパンの位置は、「買い」と「売り」のタイミングを教えてくれます。考案者の一目山人氏も「26日の遅行スパンがもっとも大事である」と述べている重要な線です。遅行スパンが日々線を上回ってきた場合「好転」つまり「買い」となり、遅行スパンが日々線を下回ってきた場合「逆転」つまり「売り」となります。

◀ 遅行スパン（白）が日々線を上抜けすれば「買い」のサインとなります。

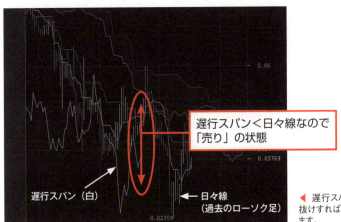

◀ 遅行スパン（白）が日々線を下抜けすれば「売り」のサインとなります。

B もっとも強い買いのサイン

上記のすべてのサインが揃えば、それはより強いサインとなります。これを<u>三役好転</u>といいます。

① 転換線が基準線を上回る状態で、基準線の横ばいまたは上昇
② 現在の相場が抵抗帯を上回る
③ 遅行スパンが26日前の相場を上回る

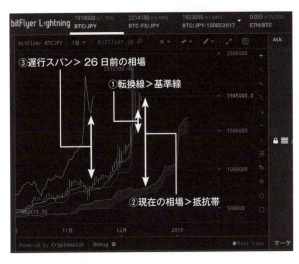

◀ 3つのサインがすべて当てはまっている相場です。テクニカル的にはこういった相場ではしっかり買い、相場の勢いに乗ることが重要です。

第6章 ● ワンランク上の売買取引を行おう

Section 57

指標の見方を知る

▶Keyword◀
出来高
オシレーター系

bitFlyer Lightningでは、チャートの下に表示させる指標も充実しています。出来高を表示させたり、オシレーター系と呼ばれる多様なテクニカル分析を表示させたりすることが可能です。

出来高とは

出来高は、売買が成立した数のことをいいます。1BTCを買いたい人と売りたい人が1回マッチングすれば1となり、さらに0.2BTCを買いたい人と0.2BTCを売りたい人がマッチングすれば出来高は2となります。出来高が多ければ多いほど、活発に取引がされているということです。

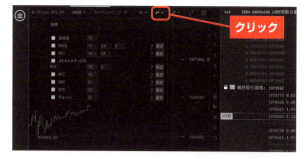

◀ チャート上部の をクリックすると、出来高の設定が可能です。画面の「15」という数字は過去の出来高の移動平均を表示させるための数字です（日足で15なら15日分の出来高の移動平均線を出来高のグラフ上に追加させるということ）。

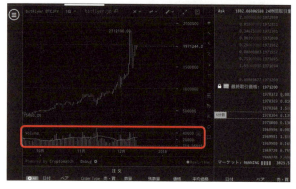

◀ 出来高（棒グラフ）と出来高の過去の移動平均線（白線）が表示されます。

MACDとは

　MACD（マックディー）とは、オシレーター系と呼ばれるテクニカル分析の一種です。
　正式名称を「Moving Average Convergence and Divergence」（移動平均の収束と発散）といい、移動平均線の考え方を応用したテクニカル分析です。期間の異なる2本の移動平均線の価格差の伸縮に注目して、その動きによってトレンドの方向性や転換のサインを見つけようとするものです。応用範囲が広く、人気のテクニカル分析です。特に自動売買のプログラムにおいて採用されることが多く、中級者から上級者に好まれています。標準的に使うのは12日間の平滑移動平均線と26日間の平滑移動平均線で、この差をMACDとします。さらに、MACDの移動平均を表したラインを「シグナル」と呼びます。

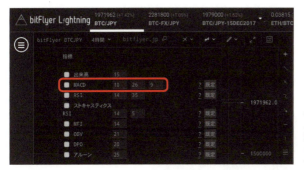

◀ 左の画面は、「10」日のEMAと「26」日のEMAを用いてMACDを表示させ、さらに「9」日分の移動平均でシグナルを求める設定です。

　一般的に、MACDがシグナルを上抜ければ「買いのサイン」、下抜ければ「売りのサイン」です。

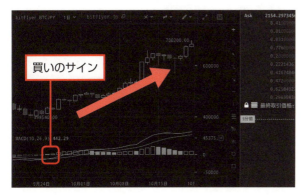

◀ MACD（水色線）がシグナル（白色）を上抜けているので、「買い」です。

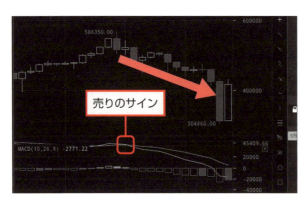

◀ MACD（水色線）がシグナル（白色）を下抜けているので、「売り」です。

B　RSIとは

RSIは、正式名称を「相対力指数（＝Relative Strength Index）」といい、「売られすぎ」、「買われすぎ」を見る指標です。上昇した日の上げ幅の合計と下落した日の下げ幅の合計とを比較し、相対的な相場の強弱を測ります。オシレーター系のテクニカル分析の一種です。

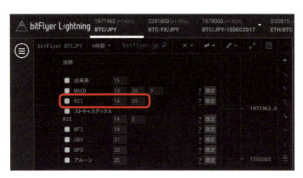

◀ 左の画面は、「14」日分のRSIと「35」日分のRSIの2本を表示させる設定です。

■ n日間のRSIの求め方

$$RSI = \frac{A}{A+B} \times 100\%$$

A ＝ n日間の値上がり幅合計

B ＝ n日間の値下がり幅合計

▲ RSIの求め方は、値上がりと値下がりの「絶対値」を合計したものを分母にするところがポイントです。

RSIでは、50％を中心として、100％に近づくほど「買われすぎ」と見られます。一般的に、RSIが30％を割っていれば「売られすぎ（＝買いのサイン）」、70％を超えていれば「買われすぎ（＝売りのサイン）」となります。

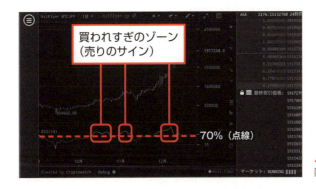

◀ RSI70％を超えているゾーンが「買われすぎ」（売り）のサインです。

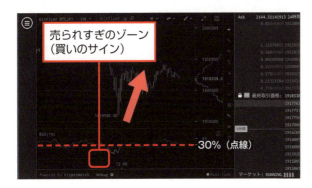

◀ RSI30％を割っているゾーンが「売られすぎ」（買い）のサインです。

column　オシレーター系の応用した使い方

ここで紹介したMACDやRSIは、「オシレーター系」と呼ばれるテクニカル分析です。オシレーターとは、もともと「振り子」を意味し、相場の強弱を0から100（－100から＋100）などで表現します。レンジと呼ばれる一定の値幅を行ったり来たりする展開では特に有効な分析手法です。一方、大相場では注意が必要です。オシレーター系は数値が100以上はいかないため、上昇や下落が進んでいくと100（または0）に張り付いてしまうことがあるからです。また、レートは上昇傾向なのにオシレーター指標が下落を示す逆行現象があります。これをダイバージェンスといいます（レートが下落傾向なのにオシレーター系が上昇サインとなることをコンバージェンスという）。これらの場合は一般的に売買のサインとなり、この場合、価格が下落（コンバージェンスの場合、上昇）していくことが多いです。このようにオシレーター系は売買のサインが早く出やすいので、先行指標と呼ばれることもあります。

暴落してしまったときはどうする?

ビットコインをはじめとする仮想通貨は、価格変動が激しいことで有名です。1日に10%や20%はもちろん、アルトコインでは1日に100%以上上昇することもあります。長期的に上昇するとの期待で購入した仮想通貨の場合は、慌てて損切りをしないことがポイントです。また投資する前に最大で資産が40%、50%程度下落することも覚悟した上で購入しましょう。過去に、ビットコインは何度も暴落をしながら、長期的には歴史的な上昇をしてきました。特に仮想通貨はドルやユーロなどのFXと異なり、長期的に大きな上昇が見込まれている通貨です。ドルがここ数年間のうちに1ドル300円や1,000円になることは考えがたいですが、ビットコインやそのほかの仮想通貨では容易に考えられます。下落で慌てて損を切り、上昇で慌てて買っているという行為を繰り返すと、結局は相場(多くの場合、上級者の投資家)に翻弄されて資産を失うことになりかねません。特に長期投資の場合、どっしりと構えるメンタルの強さが肝要です。

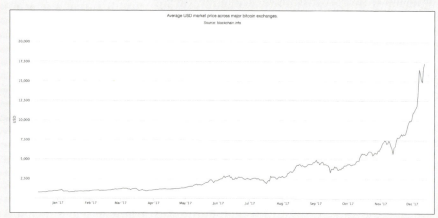

▲ こちらはビットコインの長期チャートです。暴落を想定して、慌てないことが大切です(画像は https://blockchain.info/ja/charts/market-price より)。

付録 1

そこが知りたい！仮想通貨取引Q&A

- **Question** 取引所のパスワードを忘れてしまいました。どうすればよいでしょうか？
- **Question** 入金・出金はどれくらい時間がかかるのでしょうか？
- **Question** アドレスを間違えて送金してしまいました。送金キャンセルはできますか？
- **Question** 無料でビットコインをもらう方法はありますか？
- **Question** 取引所に万が一のことがあった場合、補償されますか？
- **Question** bitFlyerの「bitwire（β）」ってなんですか？
- **Question** 取引所のチャットで交わされている会話は信用しても大丈夫でしょうか？
- **Question** 各取引所の価格差を一覧で見られるサイトはありますか？
- **Question** 仮想通貨に相続税はかかるのでしょうか？
- **Question** システムトレードをすることはできますか？
- **Question** 分裂したコインは必ずもらえるのでしょうか？
- **Question** アカウントを解約することはできますか？
- **Question** 最近よく耳にするICOとはなんのことですか？

Q. 取引所のパスワードを忘れてしまいました。どうすればよいでしょうか？
A. パスワードの再設定を行うことができます。

　bitFlyerでパスワードを忘れてしまいアカウントにログインできない場合、再設定を行うことでログインが可能となります。ログイン画面で＜パスワードを忘れた場合＞をクリックし、登録したメールアドレスを入力して、＜bitFlyerにパスワード再設定を依頼する＞をクリックします。しばらくすると登録メールアドレスにパスワード再設定受付のメールが届くので、メール本文に記載されているURLをクリックし、登録情報を入力して＜登録情報を確認する＞をクリックします。情報を送ったあと、カスタマーセンターから登録連絡先に電話で連絡が来るので、再設定したい旨を伝えて再設定を行いましょう。

Q. 入金・出金はどれくらい時間がかかるのでしょうか？
A. 銀行営業日であれば、通常当日中にできます。

　bitFlyerへの入金の振込先は、三井住友銀行と住信SBIネット銀行の2種類があります。三井住友銀行のお客様専用口座へ入金した場合、銀行の営業時間内に随時入金作業が行われます。翌日扱いの入金の場合は、翌銀行営業日の午前9時以降に順次処理が行われます。住信SBIネット銀行のお客様専用口座へ入金の場合は、原則として土日も入金が行われます。

　出金は、自身で設定した本人名義の金融機関口座宛にbitFlyerから振り込まれます。銀行営業日午前11時30分までに受け付けた日本円の出金依頼は、原則として当日中に着金します。それ以降に依頼した出金は、翌銀行営業日の着金となります。

　いずれの場合も、毎月5・10日、週始め、祝日明け、月末などは、金融機関の処理に時間がかかる場合があるので注意しましょう。

Q. アドレスを間違えて送金してしまいました。送金キャンセルはできますか?
A. 絶対にできません。

　送金相手のビットコインアドレスを間違えて送金してしまった場合、送金したビットコインは絶対に取り戻せません。銀行の場合、間違えて送金してしまっても組み戻しという手続きでキャンセルできる場合があります。この場合も、必ず戻ってくるわけではなく、いったん受取人の口座に入った場合は、受取人の承諾が必要になります。

　しかしビットコインを間違えて送金してしまった場合、受取人に連絡を取る方法がなく、二度と返ってこないので注意が必要です。さらに、自分のウォレットから別の自分のウォレットに移し替える際にも、同様に注意が必要です。送金先の自分のビットコインウォレットのパスワードまたはプライベートキーを紛失した場合、送金しても永遠にそのウォレットのビットコインを使用できなくなる可能性があります。

　ビットコインの普及とともに、こういった事例が増えています。パスワードを忘れても復活できる銀行口座と異なり、仮想通貨の管理は最終的には自己責任です。くれぐれも注意しましょう。

Q. 無料でビットコインをもらう方法はありますか?
A. オンラインショッピングや無料キャンペーンに応募する方法があります。

　bitFlyerでは、「ビットコインをもらう」という、ビットコインを無料でもらうことができるサービスを行っています。「ビットコインをもらう」内で紹介している広告経由でサービスを利用すると、ビットコインを入手することができます。会員登録や資料請求、商品購入を行うことでビットコインが集められるコンテンツがたくさんあります。

「ビットコインをもらおう!」
URL https://bitflyer.jp/static/getcoin

Q. 取引所に万が一のことがあった場合、補償されますか?

A. 一定限度額の補償はありますが、条件があります。

　bitFlyerでは顧客の資産を守るために、国内大手損害保険会社との間で損害保険を契約しています。まず、顧客のメールアドレス情報やパスワードなどが盗まれ不正な日本円出金をされてしまった場合に、補償がされます。ただし、最大500万円までしか補償されないので、これ以上の金額を取引所に預けておくと、なにかあったときに取り返せないということになります。

対象者	補償額上限
預かり資産の合計が円換算で100万円を超えるユーザー	500万円
上記以外のユーザー	10万円

参照　https://bitflyer.jp/compensation

　また、bitFlyerへのサイバー攻撃などによって発生したビットコインの盗難、消失の場合には、三井住友海上火災保険株式会社と共同開発したサイバー保険が適用されます。具体的には、サイバー攻撃などによって発生したビットコインの盗難、消失などに対する損害賠償のほか、事故対応に必要となるコンサルティング費用や原因調査費用、被害拡大防止費用、見舞金費用などを補償しています。

　いずれの補償も二段階認証を登録していることが前提となりますので、しっかり設定しておきましょう（Sec.19参照）。

Q. bitFlyerの「bitwire（β）」ってなんですか?

A. メールアドレスの指定だけでビットコインが送金できるサービスです。

　「bitwire（β）」は、送信者、受信者それぞれがbitFlyerのアカウントを開設していれば、メールアドレスの指定でビットコインを送金できるサービスです。面倒なビットコインアドレスの入力が不要で、気軽に送金できます。現在、遅延や取引手数料が高騰しているビットコインのブロックチェーンを利用しないので、スピーディーです。

> **Q.** 取引所のチャットで交わされている会話は信用しても大丈夫でしょうか？
>
> **A.** 一般の人の雑談と割り切り、あまり信用しない方がよいでしょう。

　仮想通貨の取引所には、チャットが設置されているところが多いです。これは、一般参加者が自由にチャットをして、その時々の相場について雑談するスペースです。基本的に、ここで交わされている会話の内容は「一般参加者の意見」として受け流す程度に閲覧するべきです。なかには特定の仮想通貨を買い煽るような発言が見られることもあります。これは、いわゆる仕手筋と呼ばれるもので、安い価格で仕込み、買い煽る発言をして、一般参加者を巻き込み価格を釣り上げ、売り抜けようとする人々によるものです。特に市場参加者が少ない仮想通貨では、ある程度の資金の移動で大きく価格が動くため、そういった行為が散見されます。

　また、「有名人の○○が購入した」「○○というポジティブな発表がある」など虚偽のニュースを書き込み、価格を釣り上げようとする悪質なケースもあります。くれぐれもそういった発言に飛びつかず、自身でソースを確認してから取引を行いましょう。

> **Q.** 各取引所の価格差を一覧で見られるサイトはありますか？
>
> **A.** 「みんなの仮想通貨」というサイトで一覧を確認できます。

　「みんなの仮想通貨」（https://cc.minkabu.jp/pair/BTC_JPY）というサイトでは、主要国内取引所の仮想通貨の価格の一覧を確認することができます。各会社の買値と売値の差（スプレッド）も確認できます。また、アービトラージ（Sec.42参照）ができる取引所の確認も可能です。

取引所ごとのレート				
取引所名	売値	買値	スプレッド	24時間の取引高
coincheck	1,934,800	1,935,405	605	34,298 BTC
BTCBOX	1,904,855	1,910,221	5,366	16,294 BTC
bitFlyer	1,932,825	1,933,000	175	15,644 BTC
Zaif	1,934,740	1,935,185	445	6,179 BTC
QUOINEX	1,903,794	1,904,155	361	3,951 BTC
bitbank	1,968,110	1,968,161	51	399 BTC

◀「みんなの仮想通貨」では、主要国内取引所の仮想通貨の価格の一覧を確認することができます。

付録1　そこが知りたい！仮想通貨取引Q＆A

Q. 仮想通貨に相続税はかかるのでしょうか？

A. 現在議論中ですが、おそらくかかります。

　仮想通貨に相続税がかかるのかについては、現在議論が行われています。金融庁はビットコインは貨幣機能を持つという認識を示しているので、相続税がかかる可能性が高いです。そして、その評価方法も議論がなされています。相続財産の評価は原則相続開始日時点の時価ですが、仮想通貨は価格変動が大きいため、時価の選択を認める可能性があります。その場合は、おそらく上場株式と同様の評価方法になるものと思われます。

上場株式の時価の選択（いずれか）
① 課税時期の最終価格
② 課税時期の属する月の毎日の最終価格の月平均額
③ 課税時期の属する月の前月の毎日の最終価格の月平均額
④ 課税時期の属する月の前々月の毎日の最終価格の月平均額

　また上場株式では、2つ以上の取引所に上場されている銘柄の最終価格は、納税義務者が選択した金融商品取引所の公表する価格によって評価する制度となっています。仮想通貨も、同じような形になる可能性があります。
　仮想通貨はこのように、法整備はまだまだ発展途上でこれからといった現状です。

Q. システムトレードをすることはできますか？

A. 可能です。ただしプログラミングの知識が必要です。

　bitFlyer Lightningでは、APIを公開しているため、それを利用してシステムトレードを行うことが可能です。プログラミングの知識は必要ですが、システムトレードをすることでパソコンに張り付いていなくても勝手にトレードをしてくれるので、一部のトレーダーに人気です。

Q. 分裂したコインは必ずもらえるのでしょうか？

A. 必ずもらえるわけではありません。取引所によって対応が異なります。

　ビットコインなどの仮想通貨は、分裂することがあります。これをハードフォークといいます。例えば、2017年8月にビットコインがハードフォークし、ビットコインキャッシュという新通貨が誕生しました。その後、ビットコインキャッシュをきっかけに、ビットコインからのハードフォークブームが始まりました。ハードフォークは、旧仕様との互換性がありません。そのため、通貨としては別物です。このハードフォークに対応する取引所の場合、ハードフォークした通貨をもらえる取引所ともらえない取引所があります。上述のビットコインキャッシュのケースでも、対応している取引所の場合、取引所、ウォレットにビットコインを置いておくことで、同数のビットコインキャッシュが付与されました。今後もハードフォークについては、取引所の対応に注目が集まります。

Q. アカウントを解約することはできますか？

A. 問い合わせフォームから可能です。

　bitFlyerのアカウントを解約する場合は、トップページの＜FAQ／お問合せ＞→＜お問合せフォーム＞をクリックし、お問合せフォームの「お問合せ内容をご選択ください。」より「アカウント解約手続きについて」を選択して、解約を依頼します。なお、解約の依頼をする前に、日本円・仮想通貨の口座残高を必ず「0」にしておきましょう。

◀ お問合せフォームの「お問い合せ内容」で＜アカウント解約手続きについて＞を選択し、必要事項を入力して＜解約を依頼する＞をクリックします。

> **Q.** 最近よく耳にするICOとはなんのことですか?
>
> **A.** ICOとは、仮想通貨で行う企業やプロジェクトの資金調達の方法です。

　ICOとは、新規仮想通貨公開（Initial Coin Offering）のことで、資金調達をしたい企業やプロジェクトが、独自の仮想通貨を発行して販売し、資金調達を行う方法です。この独自の仮想通貨は、「コイン」「トークン」と呼ばれます。自社の株式を発行して販売することで資金調達をするIPO（新規株式公開）と似ていますが、IPOと比較して資金調達の敷居が低いことから、今後特にベンチャー企業などが活用して、さらに盛り上がりを見せるといわれています。また、投資する側からは少額取引が可能で、うまくいけば何百倍というリターンも期待できるため、注目が集まっています。

TokenMarket
URL https://tokenmarket.net/ico-calendar

◀ ICO のカレンダーが確認できます。

　その中で最近話題なのが「COMSA」です。これは仮想通貨取引所のZaifを運営しているテックビューロ社が行ったICOであり、109億円の売上を達成し、国内初の大型ICO案件となっています。

　現在ICOが乱立し、実体や実行可能性がほとんどなかったり、詐欺に近いものも横行しているので注意が必要です。今後、法整備と基盤が整備すれば、国内でもICOが急速に発展する可能性があります。

COMSA
URL https://comsa.io/ja

◀ 政府関係各所と連携を図り、国内 ICO のプラットフォームを作るプロジェクトです。

付録2

仮想通貨関連資料集

仮想通貨取引所ガイド

仮想通貨お役立ち&情報収集ガイド

仮想通貨投資用語集

仮想通貨取引所ガイド

bitFlyer
URL https://bitflyer.jp/

▲ 国内最大手の仮想通貨取引所。ビットコインの取引量は日本一、資本金41億円は国内最大規模。ビットコインと5種類のアルトコインを取り扱う。

Zaif
URL https://zaif.jp/

▲ テックビューロが運営。アルトコインの扱いが豊富で、手数料が低い点が特徴。また、取引所Zaifコイン積立のサービスや、独自ブロックチェーンの開発を行う。

bitbank
URL https://bitbank.cc/

▲ ビットコインFXは、レバレッジ最大20倍で国内で唯一追証がない点が特徴。チャート機能も豊富で60種類以上のテクニカル分析が可能。トレーダー向け。

BTCBOX
URL https://www.btcbox.co.jp/

▲ 国内の仮想通貨取引所。設立は2014年3月。ビットコインのほか、ビットコインキャッシュ、ライトコイン、イーサ（イーサリアム）の取引も可能。

BITPOINT
URL https://www.bitpoint.co.jp/

▲ 国内の仮想通貨取引所だが、ビットコイン／円だけでなく、ビットコイン／米ドル、ビットコイン／ユーロ、ビットコイン／香港ドルといった円以外の取引も可能。

GMOコイン
URL https://coin.z.com/jp/index.html

▲ GMOインターネット（東証一部上場）グループの仮想通貨販売所。販売所メインでサービスを行う。日本円の即時入金、出金とビットコインの引出手数料が無料。

QUOINEX
URL https://ja.quoinex.com/

▲ シンガポール、日本、ベトナムにオフィスを構える仮想通貨取引所。10以上の海外取引所と接続した、高流動性が魅力。クイック入金は380行以上の金融機関に対応。

Bit Trade
URL https://bittrade.co.jp/

▲ 大手FX会社のFXトレード・ファイナンシャルの関連会社。ライトコイン、リップル、モナコインといったアルトコインの取引が可能。FXでのノウハウを活かしたスマートフォンアプリの使いやすさに定評あり。

Bitgate
URL https://www.bitgate.co.jp/

▲ 国内の仮想通貨の販売所。エフ・ティ・ティ株式会社が運営。取引可能時間が24時間ではなく、月曜日から金曜日（祝日を除く）9:00～21:00と限定されている点に注意が必要。

DMM Bitcoin
URL https://bitcoin.dmm.com/

▲ ネムやリップルなどの証拠金取引が可能。パソコン、スマートフォンの取引ツールの操作性が好評。日本円・仮想通貨の入出金手数料が無料で、24時間365日問合せサポートあり。

フィスコ仮想通貨取引所
URL https://fcce.jp/

▲ 投資支援サービス会社のフィスコが2016年4月に設立。取引所をメインとし、モナコインやビットコインキャッシュなどのアルトコインのほか、フィスコインといったトークンの売買取引ができる。

SBIバーチャル・カレンシーズ
URL https://www.sbivc.co.jp/

▲ ネット証券最大手のSBI証券を擁するSBIグループが運営。2018年1月現在サービス開始前ではあるが、金融庁の仮想通貨交換業の登録は完了済。取引専用サイト「VCTRADE」はパソコンのみならずスマートフォンでも利用可能予定。

付録2　仮想通貨関連資料集

仮想通貨お役立ち&情報収集ガイド

付録2　仮想通貨関連資料集

Bitcoin日本語情報サイト
URL https://jpbitcoin.com/

▲ ビットコインの総合情報が得られるサイト。すべて日本語で解説。最新ニュースからしくみや用語解説なども詳しく掲載。初心者から上級者まで利用できる。

Coin Choice
URL https://coinchoice.net/

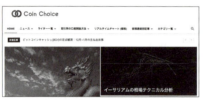

▲ ビットコインやイーサリアムの総合情報サイト。最新ニュースから初心者向け口座開設方法、取引方法、現役トレーダーによるビットコイン取引の手法を公開。

Coin Post
URL http://coinpost.jp/

▲ 仮想通貨の総合情報サイト。主要ニュースをはじめ、マイナーなアルトコイン情報やICO情報も取り上げている。さらに業界の著名人へのインタビュー記事も掲載。

BTCN
URL https://btcnews.jp/

▲ bitbankが運営するウェブメディア。更新頻度が高く、技術コラムも多いため多くの人が愛読している。海外ニュースをわかりやすく噛み砕いて解説しており、利便性が高い。

BTC News
URL https://news.bitflyer.jp/

▲ bitFlyerが運営するメディアサイト。最新ニュースのほか、アナリストによる相場分析のコラムも掲載。著者もビットコインのマーケット分析記事を毎週執筆。

仮想通貨ちゃんねる
URL http://vc-ch.com/

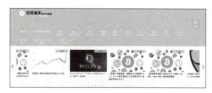

▲ 2chまとめブログ。情報の鮮度が大切な仮想通貨情報では、こういった情報も機会があれば役に立つかもしれない。しかし情報は玉石混交なので、取捨選択には注意が必要。

BITDAYS
URL https://bitdays.jp/

▲ 「未来の通貨にワクワクしよう」がコンセプト。仮想通貨やブロックチェーン技術を使ったサービスやテクノロジーの情報を毎日更新。

bitpress
URL https://bitpress.jp/

▲ 仮想通貨の総合ニュースサイト。業界著名人のコラムが読めたり、仮想通貨関連の動画をいち早くチェックすることができる。

CoinMarketCap
URL https://coinmarketcap.com/

▲ 仮想通貨の時価総額ランキングが把握できる英語表記のサイト。また、取引所ごとの取引高シェアや上昇率・下落率が大きい仮想通貨もひと目で確認できる。

みんなの仮想通貨
URL https://cc.minkabu.jp/

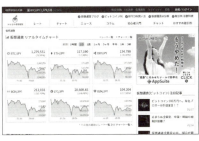

▲ みんかぶが運営する仮想通貨情報サイト。国内外のニュースやコラムが豊富。さらに同じ通貨の取引所ごとに異なるレート一覧ページは、アービトラージにも便利。

Crypto Currency Magazine
URL http://cryptocurrencymagazine.com/

▲ 仮想通貨の情報サイト。海外のニュースを日本語に翻訳して配信しているため、海外の仮想通貨事情のキャッチアップに最適。また、ICOの情報も豊富。

Twitter
URL https://twitter.com/

▲ 最新の情報を獲得するには、Twitterの活用も必要。特に英語に苦手意識のない人は、海外の仮想通貨の著名人をフォローしておくと、日本語サイトに翻訳されるタイムラグがなく、いち早く重要ニュースを取り入れることができる。ただし、情報は玉石混交でガセネタも多いので、取捨選択が必要。

仮想通貨投資用語集

MOON

価格や出来高が急上昇している様子を表す言葉。月に向かって上昇している様子を表している。

アルゴリズムトレード

あらかじめ設定した手順やロジック（アルゴリズム）に従って、コンピュータが取引タイミングや数量を判断しながら自動的に売買するしくみ。

アルトコイン

Alternative Coin（オルタナティブコイン）の略で、ビットコイン以外の仮想通貨のことをいう。ライトコインやイーサ（イーサリアム）、リップル、リスクなどさまざまなコインが存在し、現在は1,000種類以上あるといわれている。

移動平均線（MA）

ある一定期間の過去の値動きを平均化して結んで線にしたもの。相場の流れを読むのに必須。5日間の価格の平均値を結ぶ「5日線」や、25日間の価格の平均値を結ぶ「25日線」などがある。

イナゴ

自分の意志ではなく、別の投資家の真似をして取引をすること。提灯買いともいう。

ウォレット

仮想通貨を預け入れる口座のようなもの。パソコンやスマートフォンアプリ、またインターネットにつながっているもの、つながっていないものがある。

億り人

億り人（おくりびと）とは、投資（この場合は仮想通貨投資）によって金融資産1億円を超えた人のこと。ネット上のスラングとして用いられる。

押し目

価格が上昇している流れのときに軽く下落している状態のこと。再び上昇すると予想し、押し目の部分で買うことを「押し目買い」という。

オーバーシュート

相場の行き過ぎた変動のことをいう。特に仮想通貨の場合、相場が動き出すと行き過ぎた動きをすることがある。

改正資金決済法

ビットコインなどの仮想通貨の取り扱いを、円やドルなどの法定通貨に準ずる支払い手段と認める法律。さらに仮想通貨交換業者の登録を義務付けている。2017年4月1日から施行。

ガチホ

ガチ（本気）でホールド（保有し続ける）する、つまり長期保有すること。ネット上のスラングとして用いられる。

草コイン

相対的に時価総額が低く、市場参加者も少ない仮想通貨。うまくいけば何百倍ものリターンがあるが、価値がゼロになるリスクも大きい。

ゴールデンクロス

期間の異なる2本のMA（移動平均線）で、

付録2　仮想通貨関連資料集

短期のMAが長期のMAの上にクロスすること。一般的に買いのサインとされる。

仕手筋

大きな資金を持ったグループが特定の仮想通貨に対して大量の注文を入れて相場を人為的に動かし急騰させ、一般参加者を巻き込み利益を得る行為。

スキャム

詐欺のこと。また、詐欺師のことをスキャマーという。

スキャルピング

トレード手法の一つ。わずかな利幅を狙って、数秒から数分という短時間の間に売買を繰り返すトレード手法のこと。

スプレッド

買い値と売り値の差のこと。一般的にスプレッドが狭ければ狭いほど取引コストがおさえられて、取引には有利となる。

セリングクライマックス

下落局面の最終段階において、市場参加者の投資マインドが冷え込み、売りが売りを呼ぶようにして、取引高を伴って相場の下落が進む状況のこと。略してセリクラともいう。

単純移動平均線（SMA）

ある一定期間の過去の値動きを、すべて足して単純に割ったものを1本の線で表現したもの。相場の方向性を線で表すことができる。

チャート

仮想通貨の過去の値動きをグラフ化したもの。数字の羅列よりも、視覚的に過去の値動きを把握することができる。

テクニカル分析

過去の仮想通貨のチャートの値動きを分析することでパターンを見つけ、そこから今後の値動きの方向性を予測するもの。

デッドクロス

期間の異なる2本のMA（移動平均線）で、短期のMAが長期のMAの下にクロスすること。一般的に売りのサインとされる。

投機

市場の参加者が、お互いの見通しの違いに賭けてゼロサムゲームに参加すること。一方「投資」は、プライシングにリスクを補償するリスクプレミアムが反映されていることが期待できる。

ドルコスト平均法

仮想通貨を定期的に一定金額ずつ購入する投資手法のこと。価格が高い時は購入する量が少なくなり、価格が安い時は購入量が多くなるので、平均購入単価を低くすることが期待でき、長期的投資に向いた投資手法といわれている。

トレンド

価格が一方的に向かっている流れのこと。上昇トレンドや下降トレンドなどがある。

軟調／堅調

軟調（なんちょう）とは、相場に勢いがなく、緩やかに下がっている状態。堅調（けんちょう）とは、相場が上向きで、しっかりしている状態。

ナンピン

仮想通貨を購入後に価格が下落した際に、さらに買い増しをすることで平均購入価格を下げる投資テクニック。

ハードフォーク

仮想通貨の機能をさらに向上させること。以前のコインと互換性がなくなるため、新しいコインとして取り扱われる。

半減期

マイナーの報酬が半減すること。ビットコインの場合、21万ブロック（約4年間）ごとに報酬が半減していくしくみとなっている。

秘密鍵

ビットコインのウォレット（口座）を管理するために必要な暗証番号の役割をするもの。第三者に知られないように管理する必要がある。

ピラミッティングトレード

利乗せという取引手法。利益の方向に進んだら買い足すことを繰り返す手法。損失の方向に進んだら買い増すことをナンピンという。

ファンダメンタルズ分析

仮想通貨関連のニュースやイベント、ほかの通貨の情報が値動きにどのような影響を及ぼすのかを分析し、今後の値動きの方向性を予測するもの。経済状況を示す要因（経済の基礎的条件）を分析してトレードに用いる。

フィアット

法定通貨のこと。所有している仮想通貨を日本円に戻すときに、「フィアットに戻す」などということがある。

フェイバー／アゲインスト

フェイバーとは、保有しているポジションが利益になっている状態。アゲインストとは、損失になっている状態をいう。

平滑移動平均線（EMA）

MA（移動平均線）の一種。SMAと異なり、直近の価格を重視して計算を行う。価格の反応により順応できる点がメリット。

ポジション

仮想通貨を購入している状態のことで、「ポジションを持つ」と表現する。証拠金取引においては新規注文を行い、決済注文をしていない状態のことを指す。

ポジショントーク

買いや売りのポジションを保有している著名人・業界関係者が、有利な方向に相場が動くように、マスメディアや媒体などを利用して発言すること。

ボリンジャーバンド

MA（移動平均線）と、その上下に値動きの幅を示す線を加えたテクニカル分析の一つ。

マイナー

マイニング（採掘）と呼ばれるコンピュータの計算作業を行い、ビットコインのネットワークの維持に貢献する人。

マウントゴックス事件

当時世界最大手のビットコイン取引所だったマウントゴックスが、2014年に総額85万ものビットコインを大量消失させ社会問題となった事件のこと。その後、同社は破綻。

ランダムウォーク理論

相場の値動きはランダムに動くため、予測することは不可能だという理論。テクニカル分析への批判として用いられる。バートン・マルキール氏による『有名ウォール街のランダム・ウォーカー』が有名。

リクイディティ

取引市場における流動性のこと。リクイディティが大きいとは、市場参加者が多いということ。時間帯や仮想通貨の種類によってはもちろん、取引時間帯によってもリクイディティは異なる。

レンジ相場

一定の範囲内の値幅の動きに終止し、トレンドができない様子。ボックス相場ともいう。

狼狼売り

価格が暴落したときにパニックとなり、慌てて所有している仮想通貨を売却してしまうこと。

あとがき

　日本では「投資」というと、どうしてもネガティブなイメージを持たれがちです。「楽して稼いでいる」「額に汗かいてこそ価値がある」といった批判を受けることもよくあります。ただ、今回の仮想通貨ブームで芸能人から主婦まで誰もが目の色を変えて仮想通貨に飛びついたのを見て、「やっぱりみんなお金が好きなんだな」とつくづく感じました。

　「非中央集権」「ブロックチェーン」などそっちのけで、「そのコインは儲かるかどうか」だけが、多くの人の判断基準となっていました。投資では、大きいリターンは必ず大きなリスクを伴います。特に仮想通貨は何百倍といったリターンを得られる可能性がありますが、ゼロになる可能性もとても高いです。

　心配なのは、昨今の熱狂に巻き込まれて身の丈に合わない額を投資する人が見受けられることです。20代、30代ならまだ労働で取り返せばよいですが、40代以降の方が老後のための資産の大部分をこの分野に投資することは、とても危険です。データによると40代の金融資産の中央値は200万円前後（50代で400万円前後）です。無理をして資産の何十％もの投資をする必要はありません。その分、ほかの金融商品（ノーロードのインデックスファンドなど）にも目を向け、分散投資を心がけましょう。仮想通貨以外にも、よい金融商品は多くあります。

　そして、投資において大前提となるのが「貯蓄」です。地味ですが、日々の生活費（特に固定費）を削り、資産を増やしていくことはもっともかんたんにできる資産形成の方法です。

　投資に焦りは禁物です。懸命に、ゆっくりとマネーライフを歩んでいきましょう。

　最後に、執筆に当たりご協力頂いた方、応援してくださった方、そして、この本を手に取ってくださった読者の皆様に心より感謝致します。

2018年1月

国府 勇太

Index
索引

数字・アルファベット

2%ルール	111, 119, 125
Ask板	120
Bid板	120
Binance	38
bitbank	43
bitFlyer	42
bitFlyer Lightning	130
bitwire（β）	160
breadwallet	87, 102
FX取引	31, 112
ICO	164
IFDOCO注文	139
IFD注文	138
MACD	153
OCO注文	139
RSI	154
Zaif	43

あ行

アービトラージ	114
アカウントの解約	163
アカウントの作成	44
アルトコイン	13, 170
アルトコインの送金	104
アルトコイン販売所	68, 71
暗証番号を設定	54
イーサ（イーサリアム）	13
板情報	120
一目均衡表	148
移動平均線	144, 170
ウォレット	86, 102, 170
売り気配数	120
エグジット	122
エントリー	122
追証	31

か行

買い気配数	120
外部ウォレットに保管	89
価格変動	24
確定申告	34
仮想通貨	10
仮想通貨詐欺	18
仮想通貨取引所	38, 41, 166
仮想通貨取引のデメリット	23
仮想通貨取引の流れ	20
仮想通貨取引のメリット	22
仮想通貨販売所	40
逆張り	123
銀行口座登録	50
銀行振込で入金	60
金融庁に登録	39
クイック入金	62
クレジットカード購入	80
現物取引	30
ゴールデンクロス	144, 170
コンビニ入金	65

さ行

最低取引額	27
先物取引	31, 112
差金決済	31, 112
指値注文	134
雑所得	34
出金手数料	82
順張り	122, 127
証拠金取引	112
スイングトレード	32
スキャルピング	32
ストップ注文	136
ストップ・リミット注文	137
スマートフォンで売買取引	76
セキュリティ	84
送金キャンセル	159
損切り	125

た行

短期取引	32, 110

単純移動平均線	144, 171	ビットコイン販売所	66, 70
チャート	140, 171	秘密鍵	172
チャートスタイル	142	ファンダメンタルズ分析	172
長期取引	33, 108	プルーフ・オブ・ワーク	14
通貨単位	26	ブレイクアウト	124
積立投資	33, 109	ブロックチェーン	14
デイトレード	32	分散投資	116
出来高	152	分裂	12, 25, 163
テクニカル分析	111, 171	平滑移動平均線	145, 172
デッドクロス	145, 171	法定通貨	16
転送不要書留郵便	48	ポートフォリオ	116
特殊注文	136	ポジション	172
ドルコスト平均法	109, 171	ポジションサイジング	118
トレーリング・ストップ注文	137	ボリンジャーバンド	146, 172
トレンド	121, 171	本人確認資料	47
		本人情報登録	46

な行

成行注文	132
二段階認証	52, 83
日本円参考総額	67
日本円の出金	82
日本円の入金	60
入出金にかかる時間	158
入出金の手数料	58
値上がり益	106
ネットバンク支払い	62

は行

ハードフォーク	12, 25, 163, 171
売買手数料	39, 59
売買ルール	118
パスワード	85, 158
発行主体	16
発行上限	16
半減期	172
ビットコイン	12
ビットコインキャッシュ	12
ビットコイン支払いができる店	94
ビットコイン取引所	72, 74
ビットコインの送金	102

ま・ら・わ行

マイナー	15, 172
マイニング	15
モナコイン	13
ライトコイン	13
リスクリワードレシオ	119
利食い	125
レバレッジ	112
ローソク足	140
ログイン時の通知メール	84
ロスカット	31, 113
分けて売買	126

■著者略歴
国府 勇太（こくぶ ゆうた）
1984年生まれ。慶應義塾大学卒。日本テクニカルアナリスト協会認定テクニカルアナリスト。国内大手金融機関の為替のディーリング部にて主要通貨のディーリングを行う。「マネーライフの課題解決」がモットーで、初心者にわかりやすい解説に定評がある。2016年ビットコイン価格が5万円の黎明期よりビットコインの可能性を感じ新聞・TV・雑誌・などのメディアに出演し啓蒙活動を行う。大手仮想通貨取引所のbitFlyerで現在ビットコインの分析コラムを連載中。東京ビックサイトにて行ったセミナー（日経IR・投資フェア）では立ち見がでるほどの盛況を博す。

- 編集／DTP………………………………リンクアップ
- カバー／本文デザイン ……………………リンクアップ
- 担当 ………………………………………大和田 洋平（技術評論社）
- 技術評論社Webページ ……………………http://book.gihyo.jp

■問い合わせについて
本書の内容に関するご質問は、下記の宛先までFAXまたは書面にてお送りください。なお電話によるご質問、および本書に記載されている内容以外の事柄に関するご質問にはお答えできかねます。あらかじめご了承ください。

〒162-0846
東京都新宿区市谷左内町21-13
株式会社技術評論社　書籍編集部
「仮想通貨&ビットコイン投資で得するコレだけ！技」質問係
FAX：03-3513-6167

※ご質問の際に記載いただいた個人情報は、ご質問の返答以外の目的には使用いたしません。
　また、ご質問の返答後は速やかに破棄させていただきます。

仮想通貨&ビットコイン投資で得するコレだけ！技

2018年3月6日　初版　第1刷発行
2018年3月31日　初版　第2刷発行

著者	国府 勇太
発行者	片岡 巌
発行所	株式会社技術評論社 東京都新宿区市谷左内町21-13 電話：03-3513-6150　販売促進部 　　　03-3513-6160　書籍編集部
印刷／製本	日経印刷株式会社

定価はカバーに表示してあります。

本書の一部または全部を著作権法の定める範囲を越え、
無断で複写、複製、転載、テープ化、ファイルに落とすことを禁じます。

©2018　国府 勇太

造本には細心の注意を払っておりますが、万一、乱丁（ページの乱れ）や落丁（ページの抜け）がございましたら、小社販売促進部までお送りください。送料小社負担にてお取り替えいたします。

ISBN978-4-7741-9597-1　C3055

Printed in Japan